汉竹编著 · 健康爱家系列

跟《本草纲目》学做
养生家常菜

吴晓毅　主编

江苏凤凰科学技术出版社 · 南京

图书在版编目（CIP）数据

跟《本草纲目》学做养生家常菜 / 吴晓毅主编 . — 南京 : 江苏凤凰科学技术
出版社 , 2023.09
　ISBN 978-7-5713-3605-9

　Ⅰ . ①跟… Ⅱ . ①吴… Ⅲ . ①家常菜肴 – 保健 – 菜谱Ⅳ . ① TS972.161

中国国家版本馆 CIP 数据核字 (2023) 第 102225 号

中国健康生活图书实力品牌

跟《本草纲目》学做养生家常菜

主　　　编	吴晓毅
全 书 设 计	汉　竹
责 任 编 辑	刘玉锋　赵　呈
特 邀 编 辑	李佳昕　张　欢
责 任 校 对	仲　敏
责 任 监 制	刘文洋

出 版 发 行	江苏凤凰科学技术出版社
出版社地址	南京市湖南路 1 号 A 楼，邮编：210009
出版社网址	http : //www.pspress.cn
印　　　刷	合肥精艺印刷有限公司

开　　　本	720 mm × 1 000 mm　1/16
印　　　张	11
字　　　数	220 000
版　　　次	2023 年 9 月第 1 版
印　　　次	2023 年 9 月第 1 次印刷

标 准 书 号	ISBN 978-7-5713-3605-9
定　　　价	39.80 元

编辑导读

食材品种繁多，挑花了眼却还不知道该吃什么。

普通的蔬果肉禽怎样搭配更有营养？

有哪些被我们忽视却很有疗效的食疗小偏方？

……

《本草纲目》不仅是一部中药学经典著作，也是一本适合老百姓学习的饮食养生读物。本书提及的本草附方多取自《本草纲目》，经过认真筛选，又将原文进行白话文释义，让读者能够将保健、康复常识寓于日常饮食之中，达到养生、防病、治病的目的。

本书还介绍了各项食材的宜忌搭配和适用人群，更结合现代营养学知识分析了食材的营养特性，并附上相应食材的养生膳食，也可以作为菜谱使用，内容丰富，方便实用，是每个家庭不可或缺的健康生活好帮手。

目录

第一章　让食物做你的健康卫士

第二章　谷物篇

第三章 蔬菜篇

第四章　水果篇

第五章 肉蛋禽篇

第六章 水产篇

第七章 调味品篇

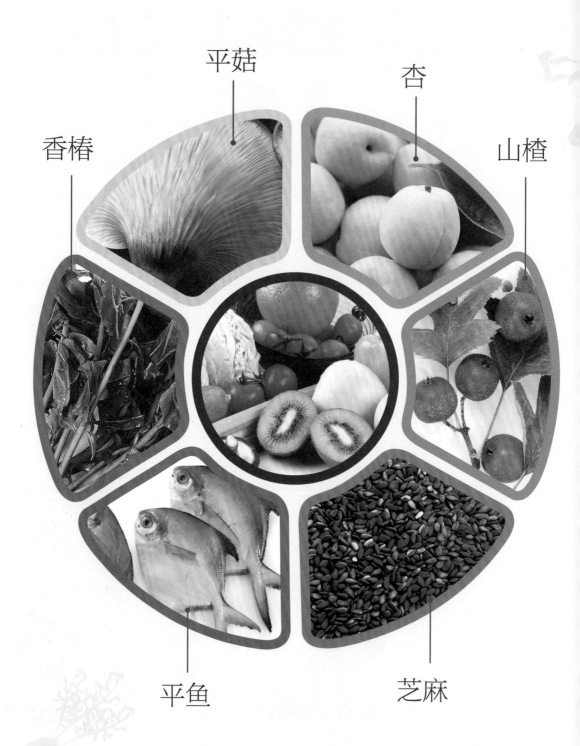

香椿

平菇

杏

山楂

平鱼

芝麻

第一章 让食物做你的健康卫士

《本草纲目》不仅是一部中药学经典著作,还是一本适合老百姓学习的饮食养生读物。

藏在《本草纲目》中的健康密码

《本草纲目》记录了 1892 种药物，其中很多是我们日常饮食中常见的食材，包括谷物、蔬果、禽肉、鱼类等，了解它们，解开食物的健康密码，可以让我们的饮食变得更合理，身体更健康。

食物的四性

中医将食物主要分成四性——寒、凉、温、热，寒凉性的食物主要适用于温热性的病证或体质，比如梨、绿豆等，可起到清热泻火等的作用，而温热性的食物主要适用于寒凉性的病证或体质，比如生姜、羊肉等，可起到温经通络等作用。此外，寒热之证不甚明显的食物则称之为平性，平性食物多平和。了解了食物的属性，再针对自己的体质食用，对身体有好处。

寒性或凉性食物

寒凉性食物有清热、泻火、解暑、解毒的功效，能解除或减轻热证，适合体质偏热，比如容易口渴、怕热的人，或一般人在夏天食用。比如，西瓜适用于口渴、烦躁等症状，梨适用于肺热咳嗽、痰多等症状。

温性或热性食物

温热性食物有温经通络、温中补虚、暖胃的功效，可以消除或减轻寒证，适合体质偏寒，比如怕冷、手脚冰凉的人食用。比如，姜、葱、红糖适用于风寒感冒、发热、腹痛等症状，辣椒适用于四肢发凉等怕冷的症状。

平性食物

平性食物介于寒凉性和温热性食物之间，开胃健脾，强壮补虚，容易消化，各种体质的人都可以食用。

寒性食物代表

绿豆、茄子、土豆、黄瓜、苦瓜、生菜、梨、橙子、西瓜、螃蟹、海带等。

温性食物代表

糯米、黄豆、韭菜、香椿、石榴、宣木瓜、草鱼、鲫鱼、黄牛肉等。

平性食物代表

粳米、玉米、燕麦、红小豆、丝瓜、圆白菜、豇豆、芹菜、木耳、香菇、葡萄、大枣、荔枝、鲤鱼、鲈鱼、甲鱼、黄鱼、平鱼、泥鳅、鸡蛋等。

凉性食物代表

驴肉等。

热性食物代表

羊肉、桃、樱桃等。

食物的五味

食物的五味，就是食物的甘、酸、苦、辛、咸五种味道。《本草纲目》中记载，甘先入脾，酸先入肝，苦先入心，辛先入肺，咸先入肾。这就是我们常说的，五味分别对应人体五脏，起着不同的作用。

甘味（甜味）

甘味食物有补益、和中、缓急的作用，可以补充气血、缓解肌肉紧张和疲劳，也能中和有毒性的东西，有解毒的作用，多用于滋补强壮，适用于虚证、痛证。甘味对应脾，可以增强脾的功能。但食用过多会引起血糖升高，胆固醇增加，进而导致糖尿病等疾病。

> **食物代表**
>
> 莲藕、茄子、胡萝卜、丝瓜、大枣、牛肉、羊肉、蜂蜜等。

酸味

酸味食物对应肝脏，有收敛、固涩的作用，可以增强肝脏功能，适用于虚证多汗、泄泻、尿频、遗精等症。食用酸味食物还可以开胃健脾、增进食欲，也能抑制、杀死一些肠道致病菌，比如，大肠杆菌、葡萄球菌等。但不要食用过多，否则会引起消化功能紊乱。

> **食物代表**
>
> 醋、西红柿、橘子、橄榄、杏、枇杷、桃、山楂、石榴、乌梅、葡萄等。

苦味

苦味食物有清热、泻火、除燥湿和利尿的作用，与心对应，可增强心脏的功能，多用于治疗热证、湿证等病症，但食用过量，也会导致消化不良。

> **食物代表**
>
> 苦瓜、茶叶、百合、白果、桃仁、青果等。

辛味（辣味）

辛味食物有疏导、发散、行血气、通血脉的作用，可以促进胃肠蠕动，促进血液循环，能消除体内滞气、血淤。辛味对应肺，适用于表证、气血阻滞或风寒湿邪等病症，但过量会使肺气过盛，因此有痔疮、便秘的人要少吃。

> **食物代表**
>
> 姜、葱、大蒜、香菜、洋葱、白萝卜、辣椒、花椒、茴香、韭菜等。

咸味

咸味食物有通便补肾、补阴益血的作用，常用于治疗便秘等症。当发生呕吐、腹泻不止时，适当补充些淡盐水可有效防止虚脱。但有心脏病、肾脏病、高血压的患者不能多吃。

> **食物代表**
>
> 海带、海藻、海参、蛤蜊、猪肉、盐等。

四季饮食巧安排

李时珍在四时用药例中记载道:"《经》云:必先岁气,毋伐天和。又曰:升降浮沉则顺之,寒热温凉则逆之。"即要求四季用药顺应时令。春夏秋冬,一年四季,气候的变化,对人体会产生不同程度的影响,身体内部也会进行适应性的改变,这就需要我们随之调整饮食结构来充分补充人体所需要的营养,以应对季节的变化。

春天,来点绿的,吃点酸的

春天来了,气温回升,万物复苏,我们体内的各项机能也会随之活跃起来,但春天又天气多变,身体的抵抗力会直接受到影响,这时候需要在饮食上来调节由天气变化所带来的不适了。

饮食要点

中医认为,春天是阳气上升的季节,需要养阳气,要多吃温散升阳的食物,比如葱、大蒜、韭菜等。春天还是养肝护肝的好季节,应多吃些富含叶绿素、多种维生素的食物,可以提高免疫力,有效帮助身体排毒,增强肝脏的解毒能力。春困是普遍现象,主要是由于天气变暖,人体毛孔开放,皮肤血流量增加,大脑血液供应相对减少,以致表现出精神不振和困倦。多吃些绿色蔬菜等碱性食物可以缓解此类现象。春天正是儿童生长发育的高峰季节,要注意多吃些含钙量高的食物。

夏天,苦味中加点"红"

夏天是最炎热的季节,人往往容易心神不宁,没有食欲,这时就需要些清淡爽口的食物来激活我们的味觉了。

饮食要点

夏天由于人体散热需要,血液多集中在体表,导致胃肠道供血减少,而苦味食物中的生物碱等成分可以促进血液循环、消暑清热,因此夏日吃"苦"可以增进食欲、清心除烦。而红色食物可以补养心脏,同时使人振奋精神,比如红小豆、西红柿、樱桃等,能有效减轻疲劳、舒缓心情,也十分适合夏天。夏天因为人体出汗较多,体内丧失的钠和钾比较多,所以要注意多吃些咸味的食物及含钾多的新鲜蔬菜和水果,比如草莓、杏、桃、荔枝、芹菜、毛豆等。夏天因为气温较高,食物不易保存,容易被细菌污染,所以在吃凉拌食物的时候,最好加点大蒜和醋,既可增加食欲,也有杀菌的作用,能够预防肠道感染。

食物推荐

葱、大蒜、韭菜、白萝卜、菠菜、油菜、莴笋、春笋、香椿、荠菜、蘑菇、茄子、猪肉、鸭肉、鲤鱼、鳗鱼、紫菜、芝麻、松子等。

食物推荐

苦瓜、苦菜、大蒜、西红柿、黄瓜、茄子、苋菜、西瓜、木瓜、香蕉、大枣、红小豆、胡萝卜、紫甘蓝、猪肉、牛肉、豆腐、豆浆、海带、紫菜、绿豆、莲子等。

秋天，"贴秋膘"要适量

民间有立秋"贴秋膘"的说法，天气转凉使我们需要从食物中摄取更多热量，进而食欲增加，很多美食又被大家想起来了，但要注意：秋天气候干燥，人容易上火，在补的同时要以润燥为主。

饮食要点

秋季人易出现一些口、鼻、咽喉、皮肤干燥等秋燥反应，还易出现咳嗽的症状，所以饮食要注意养肺润肺，多吃平和的食物，比如芝麻、核桃、蜂蜜、百合、茭白、梨等，可起到滋阴、润燥、养血的作用。

另外，由于夏季寒凉食物吃得较多，人的脾胃还未恢复，"贴秋膘"要适度，且要减少油腻，也要少吃辣椒等辛辣食物，否则，脾胃难以运化，反而对身体无益。应多吃鱼、虾、蛋类、肉馅类等食物，给胃肠在夏秋季的衔接阶段一个缓冲适应过程。

老年人以及脾胃虚弱的人要吃些温热、软的食物，比如粥类。秋季也是多种多样的瓜果蔬菜成熟的季节，可以多吃些应季的蔬菜水果，补充足量的营养元素，以增强身体的免疫力和抗病能力，预防疾病的发生。

冬天，不妨多吃"黑"

冬季天寒地冻，我们往往会忍不住想吃些高热量的食物来帮助抵抗寒冷，而冬季也是公认的进补的好时节，但要怎么吃、吃什么才能防寒又养生呢？这就要重点提到黑色食物。

饮食要点

中医认为冬天养肾是重点，而黑豆、黑木耳等黑色食物不仅营养丰富，含有多种氨基酸和铁、锌等元素，还可以补血养肾，增强人体免疫功能，提高抗寒能力，是适合冬天食补的食物。冬天蔬菜较少，食物要多样化，应吃些白菜、萝卜等以补充维生素。

冬季还应该多吃些根茎类蔬菜，比如百合、莲藕、红薯等，因为蔬菜的根茎中含碳水化合物较多，可以帮助人体增强抗寒能力。补充钙也可以提高机体的抗寒能力，因此要多吃些虾皮、牛奶等含钙高的食物。

老年人因为生理机能差，新陈代谢慢，所以更容易怕冷，饮食应以温补为主，可多食用汤羹类食物，饮品也要尽量换为温水，水果也应选择金橘等温性水果。

食物推荐

南瓜、山药、百合、茭白、莲子、核桃、芝麻、梨、山楂、白萝卜、大枣、板栗、白扁豆、葡萄、香蕉、菠萝、银耳、石榴、柚子、苹果、蜂蜜等。

食物推荐

黑豆、黑米、黑木耳、黑芝麻、乌鸡、鸡肝、猪肝、土豆、胡萝卜、百合、莲藕、白萝卜、白菜、豆芽、香菇、羊肉、甲鱼、鹌鹑、糯米、枸杞子、牛奶、虾皮、桂圆、花生等。

会吃才健康

随着社会发展，生活水平提高，我们的健康意识也随之提高，越来越多的人已经认识到：吃，不仅是我们日常生活的基础，更是我们健康生活的基础。日常生活中，我们不仅要懂得合理膳食、科学搭配，更要了解自己的体质和生活特性，还要根据不同季节的能量需求来进行科学的营养摄入，这样才能使我们的身体得到最大化的补养，进而使我们更健康。

健康饮食原则

民以食为天，科学的饮食是我们身体健康的基础。我们可以通过简单的十大膳食原则来改善我们的饮食习惯，运用中国居民平衡膳食宝塔来调节我们的饮食结构，达到健康饮食、保护身体的目的。

十大膳食原则

为了给居民提供相对科学的健康膳食信息，中国营养学会的权威专家密切结合我国居民膳食营养的实际情况，对我们平衡膳食给出了很好的建议，提供了适合一般人群的 10 条膳食原则：

1. 食物多样，谷类为主，粗细搭配。
2. 多吃蔬菜、水果和薯类。
3. 每天吃奶类、大豆或其制品。
4. 常吃适量的鱼、禽、蛋和瘦肉。
5. 减少烹调油用量，吃清淡少盐膳食。
6. 食不过量，天天运动，保持健康体重。
7. 三餐分配要合理，零食要适当。
8. 每天足量饮水，合理选择饮料。
9. 饮酒应限量。
10. 吃新鲜卫生的食物。

第二层

奶类及奶制品 300~500 克
大豆及坚果 25~35 克

第四层

蔬菜类 300~500 克
水果类 200~350 克

中国居民平衡膳食宝塔

　　中国居民平衡膳食宝塔是中国营养学会专家在"10条膳食原则"的基础上，做了一个形象的图解，使10条原则中的各类食物的摄入比例更加直观，方便我们在日常生活中参照实行。

我们不必每天都严格按照推荐量进食，但每天饮食中应尽量包含宝塔中的各类食物。

适量饮水

每天至少保持半小时的散步时间，或活动6 000步

第一层　植物油 25~30 克
盐 <5 克

第三层　畜禽肉类 40~75 克
鱼虾类 40~75 克
蛋类 25~50 克

第五层　谷类、薯类
及杂豆 250~450 克
水 1500~1700 毫升

每日膳食参考

七大营养保健康

水、蛋白质、碳水化合物、脂肪、维生素、矿物质、膳食纤维是人体所需的七大营养素。人体健康与否，很大程度上取决于这七种营养素的比例是否合理。

水——人体代谢的必需物质

根据《中国居民膳食指南》中的建议，我国居民每天饮水量建议为 1500~1700 毫升。

蛋白质——强壮身体的营养基石

蛋白质是生命的物质基础，基本单位是氨基酸。按照所含氨基酸的种类，蛋白质可分为完全蛋白质、半完全蛋白质和不完全蛋白质。

蛋白质是组成人体的必要营养素

身体的重要组成部分都有蛋白质参与，它占人体体重的 16%~20%。蛋白质还是人体激素的主要原料，可以维持机体正常的新陈代谢和各类物质在体内的输送，并且提供生命活动的能量。

人体能量主要来源：蛋白质 10%~15%、碳水化合物 50%~65%、脂肪 25%~35%。

获取渠道

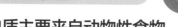

蛋白质主要来自动物性食物

一般来说，动物性食物，比如瘦肉、鱼、奶、蛋中的蛋白质都属于优质蛋白质，容易被人体消化吸收，而"优中之优"则是鱼肉中所含的蛋白质。

植物性食物中，大豆、瓜子和芝麻中所含蛋白质为完全蛋白质，较易被人体吸收利用，其他如米、小麦中所含蛋白质多为半完全蛋白质，或不完全蛋白质，不适宜作为补充蛋白质的主要食物来源。

建议摄入量

人一天要摄入多少蛋白质

蛋白质的日摄入量与体重、每天的活动程度密切相关。

这里有一个简单方法可以计算出自己每日需要的蛋白质摄入量（以克为单位）。即用体重乘以系数（0.8~1.8 中的某个数值），结果就是每日的建议蛋白质摄入量。

例如，一名体重 70 千克的健康成年人，用 1.2 相乘就得出 84，这意味着每日蛋白质的参考摄入量是 84 克。

如果健康状况良好，而且生活没有太大的压力，应选择体重乘以较低数值，如 0.8；但如果压力很大或是孕妇则应该选择较高数值。对于正处于身体高速生长期的孩子和蛋白质代谢功能下降的老人来说，他们需要摄入较多的蛋白质，以保证为身体提供充足的营养，一般需要按体重（千克）乘 1.2 计算蛋白质摄入量参考值。

为了改善膳食蛋白质的质量，膳食中应保证有一定比例的优质蛋白质。一般要求动物性蛋白质和植物性蛋白质的摄入比例为 2:1。

脂肪——吃对了健康不长胖

提起脂肪，人们会本能地"拒绝"，因为人们通常将脂肪与肥胖、心脑血管疾病密切关联。但其实，脂肪也是人体必需的一种营养物质。

我们不能缺少脂肪

脂肪是人体能量的重要来源，1 克脂肪可产生约 37.56 千焦的能量。脂肪还有维持体温、保护内脏，促进脂溶性维生素吸收，以及为身体提供必需脂肪酸的作用。长期不摄入脂肪，或者维持超低脂肪摄入不利于身体健康。

"好"脂肪酸与"坏"脂肪酸

根据脂肪中碳链上氢原子的数量，脂肪酸可分为饱和脂肪酸与不饱和脂肪酸，后者对人体更有益，可分为单不饱和脂肪酸和多不饱和脂肪酸。

单不饱和脂肪酸：可降血糖、降低胆固醇，并调节血脂。食物中的菜籽油、坚果、橄榄油等都富含单不饱和脂肪酸。

多不饱和脂肪酸：人们熟知的两种脂肪酸——二十二碳六烯酸（DHA）与二十碳五烯酸（EPA）就是多不饱和脂肪酸。DHA 具有提高脑细胞的活性、健脑益智的作用，而 EPA 具有清理血管中垃圾的功能。深海鱼类，尤其是金枪鱼、鲑鱼（三文鱼）等，以及多种植物油都是多不饱和脂肪酸的来源。

获取渠道

食用油、动物脂肪及坚果是脂肪的主要来源

动物性食物中，畜肉脂肪含量最高，禽肉脂肪含量较低，鱼肉脂肪含量更低且所含脂肪多为不饱和脂肪酸。植物性食物中，坚果类食物中脂肪含量较高，且多为不饱和脂肪酸，对身体健康有益。

破除谣言，重新认识脂肪

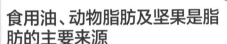

关于脂肪的三种说法，你觉得是对的吗？　　　　　　　　　　　　　　　　　　**YES　NO**

- **吃脂肪，长脂肪！不吃脂肪就不胖！** .... ☐ ☐
  专家解读：吃脂肪并不一定会长脂肪，人体内囤积的脂肪主要是由我们摄入的"糖"转化而来的，真正让你快速囤积脂肪的是"糖"。

- **吃动物脂肪不好！少吃猪油、羊油、黄油** .... ☐ ☐
  专家解读：动物脂肪里不是只有饱和脂肪酸，同样具有不饱和脂肪酸，是一种相对平衡的脂肪。

- **反式脂肪酸对健康危害大，不要吃** .... ☐ ☐
  专家解读：过量的反式脂肪酸才会明显增加患心血管疾病的危险性，真正要注意的是添加了人造反式脂肪酸的食品，如含植脂末的饮品。

碳水化合物——含糖食物得掂量着吃

碳水化合物是人体能量的重要来源，又称糖类化合物。食物中的碳水化合物根据吸收率，可分为人体能够消化利用的单糖、双糖、多糖等，以及人体不能吸收的碳水化合物。

碳水化合物为人体供能

碳水化合物是生命细胞结构的主要成分和主要供能物质，参与细胞的组成和多种生命活动，有调节细胞活动的重要功能，还具有提高人体免疫力和增强肠道功能的作用。如果碳水化合物摄入不足，可能导致全身无力、疲乏，产生头晕、心悸、脑功能障碍等症状。当然，如果碳水化合物摄入过多，它就会转化成脂肪贮存于体内。

建议摄入量

碳水化合物摄入不超量

人体摄入碳水化合物的量应占总热量的50%~65%，而每人每天摄入的热量差异较大，年龄、体重、劳动强度、健康状况，以及气候变化都会影响热量的摄入。

此外，富含碳水化合物的食物种类众多，不同食物提供的热量比例不同，因此很难准确确定每天碳水化合物的摄入量。

不过，根据经验，成人平均每天摄入富含碳水化合物的主食量，应保持在500克以下，以250~450克为宜。

获取渠道

主食是主要的碳水化合物来源

碳水化合物在自然界中分布最广，主食中米和面都含有丰富的碳水化合物；红薯、土豆等蔬菜也是典型的富含碳水化合物的食物。

土豆、芋头、红薯中都含丰富的碳水化合物。碳水化合物能够快速地为身体提供能量，但要适量食用。

膳食纤维——人体的"肠道清洁夫"

膳食纤维虽然不能被人体消化吸收，却对人体健康有着必不可少的作用。膳食纤维是植物细胞壁的主要部分，根据其能否溶于水，分为可溶性膳食纤维和不可溶性膳食纤维两大类。这两类纤维在人体健康中都发挥着重要作用。

膳食纤维促进排毒

膳食纤维有"肠道清洁夫"的美誉，在保护消化系统健康方面扮演着重要角色，可预防胃肠道疾病，维护胃肠道健康。可溶性膳食纤维能增强饱腹感，帮助通便，降低血液中的胆固醇，还能降低心脏疾病发生的危险。不可溶性膳食纤维可助消化，促进健康，能通过加速消化、排出食物残渣来防治便秘，还能清理肠壁上的大量有害物质。

建议摄入量

膳食纤维摄入量因人而异

中国营养学会按照居民饮食情况，提出低能量饮食者（每天摄入热量在 7 524 千焦左右），需摄入膳食纤维 25 克；中等能量饮食者（每天摄入热量在 10 032 千焦左右），需摄入膳食纤维 30 克；高能量饮食者（每天摄入热量在 11 704 千焦左右），需摄入膳食纤维 35 克。

获取渠道

膳食纤维主要来自植物

膳食纤维在蔬菜、水果、粗粮、豆类及菌藻类食物中含量丰富。正确获取膳食纤维的方式就是广泛摄取未经过度加工的谷类，比如糙米、小麦、燕麦、玉米等；水果，但不包括过滤果汁；粗纤维蔬菜，比如芹菜、白菜、竹笋；以及未过度加工的豆类等。

破除谣言，认识膳食纤维

以下关于膳食纤维的说法，你觉得是对的吗？　　　　　　　**YES　NO**

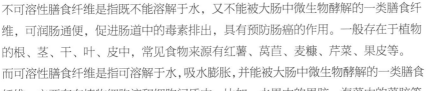

• **膳食纤维完全不能被吸收，才有利于促进肠道蠕动** ·························· □　□

专家解读：膳食纤维分为可溶性膳食纤维和不可溶性膳食纤维。

不可溶性膳食纤维是指既不能溶解于水，又不能被大肠中微生物酵解的一类膳食纤维，可润肠通便，促进肠道中的毒素排出，具有预防肠癌的作用。一般存在于植物的根、茎、干、叶、皮中，常见食物来源有红薯、莴苣、麦糠、芹菜、果皮等。

而可溶性膳食纤维是指可溶解于水，吸水膨胀，并能被大肠中微生物酵解的一类膳食纤维，主要存在植物细胞液和细胞间质中，比如，水果中的果胶、海藻中的藻胶等属于可溶性膳食纤维。可溶性膳食纤维有去除"坏"胆固醇、降压、降脂的作用。

维生素——维持人体功能的基础之一

维生素是维持人体正常生理功能必需的一类微量有机物质，它不是构成机体组织和细胞的成分，也不会产生能量，但在人体机能运行中不可或缺，对机体的新陈代谢、生长、发育有十分重要的作用。

维生素在体内不能合成，或合成量不足，必须通过食物获得。维生素家族非常庞大，成员众多，根据它的溶解性，可分为脂溶性维生素和水溶性维生素。

脂溶性维生素

脂溶性维生素只有溶解在脂肪中才能被人体吸收，主要有维生素 A、维生素 D、维生素 E。

	维生素 A	维生素 D	维生素 E
功能	保护皮肤及黏膜功能；防止眼睛干燥、夜盲症和视力衰退；促进发育；保护免疫系统，预防疾病。	提高人体对钙、磷的吸收，维持血钙、血磷饱和状态；促进牙齿和骨骼的生长发育。	有很强的抗氧化作用，可以保护维生素 A 不被氧化；能维持细胞呼吸，延缓衰老，保护心脑血管。
每日摄取量	一般成年男性每日补充 800 微克维生素 A 即可防止不足，女性则需 700 微克维生素 A。	0~10岁：10微克/天，11~49岁：5微克/天，50岁及以上：10微克/天。	一般为3~14毫克/天。
摄入不足表现	容易出现结膜炎、眼睛怕光干涩、容易疲劳、脱发等症状。	会导致佝偻病、严重蛀牙、软骨病、老年性骨质疏松症。	容易出现皮肤干燥、精神紧张、痛经、贫血等症状。
摄入过量表现	会导致中毒，表现为头晕、嗜睡、头痛、呕吐、腹泻、骨关节疼痛、疲劳、易激动等症状。	引起中毒，出现恶心、呕吐、腹泻，全身各个部位钙潴留，严重时会损伤肾脏。	会出现肌肉衰弱、疲劳、呕吐和腹泻等症状。
食物来源	动物肝脏、蛋、奶、胡萝卜、甜菜、芥菜、菠菜、南瓜、红薯、西葫芦、杏、桃、螃蟹等。	海鱼、动物肝脏、蛋黄、瘦肉、脱脂牛奶、奶酪等。	松子仁、榛子、花生、麦胚油、棉籽油、大豆油、芝麻油、小麦胚芽、绿叶蔬菜等。

水溶性维生素

水溶性维生素能够溶于水中，可随尿液排出体外，容易流失，主要有维生素 C 和 B 族维生素。

	维生素 C	维生素 B₁	维生素 B₂	维生素 B₆	维生素 B₁₂
功能	是抗氧化剂，可以使皮肤紧致、白皙；还可以降低胆固醇，预防心血管疾病，提高身体免疫力；有利于伤口愈合，可防止坏血病。	促进发育，加强组织的再生能力；保持皮肤、指甲及头发的健康；消除口腔、嘴唇及舌头的溃烂现象；消除眼睛疲劳。	促进发育和细胞再生；帮助消除口腔炎症；缓解眼睛疲劳。	参与体内氨基酸代谢；防止神经系统及皮肤的不正常现象；减轻呕吐现象；减轻夜间肌肉抽筋现象，防止四肢的神经炎；利尿。	可防止贫血，对于儿童的发育及成长是必要的物质；能保持神经系统的健康；消除过敏性症状。
每日摄取量	成人每天需摄入100毫克。	成人每天需摄入1.2~1.5毫克。	成人每天需要摄入1.2~1.5毫克。	成人每天应摄入1.6~2.0毫克。	成人每天需要摄入2.4微克。
摄入不足表现	常表现为皮肤有色斑、有皮下出血点或刷牙时牙龈出血等。	易导致消化功能紊乱、便秘，皮肤粗糙、气色较差，手脚麻木，还会出现脚气。	常表现为精神倦怠、失眠多梦、口腔溃疡、发质干枯、易脱发。	会感觉疲倦、乏力，紧张易怒，表情呆滞，失眠或嗜睡等症状。	容易产生食欲不振、贫血、记忆力减退、精神不集中等症状。
摄入过量表现	会引起腹泻、腹胀等，甚至造成铁吸收过量，引起肝脏中毒。	会引起头痛、眼花、烦躁、心律失常、水肿和神经衰弱。	可引起瘙痒、神经麻痹、皮疹等。	可导致神经系统功能异常。	可出现荨麻疹、皮疹、面部水肿等过敏反应。
食物来源	西蓝花、黄椒、红椒、西红柿、樱桃、柿子、草莓、猕猴桃等。	燕麦、栗子、全麦、猪肉、花生、豆类等。	动物肝脏、鸡蛋、牛奶、黄豆、菠菜、油菜等。	牛肉、鱼肉、鸡肉、燕麦、小麦麸、豌豆、黄豆、花生、核桃等。	猪肉、牛肉、羊肉、鸡肉、鸭肉、鱼肉等。

矿物质——打造人体健康盔甲

矿物质在生物学上称为无机盐，是人体内无机物的总称。矿物质与维生素一样，是人体必需的元素，而且人体无法自己产生、合成，需要通过食物摄取。人体中所需的矿物质元素有 60 多种。在人体必需矿物质中，钙、镁、钾、钠、磷、硫、氯元素含量较多，被称为常量元素；其他元素，比如铜、铁、锌、硒等人体含量较少，被称为微量元素。

钙

钙占身体体重的 1.5%~2%，几乎占了体内矿物质质量的 40%。钙是人体骨骼生长、发育的必需原料，还是人体内 200 多种酶的激活剂，钙不仅能调节激素分泌，还参与血液凝固、肌肉活动以及细胞黏附等生理过程。

补钙需要"吃""动"结合，要从食物中摄取钙，要去户外参加运动、多晒太阳，促进钙质吸收。

建议摄入量

不同人群推荐日摄入量

0~1 岁：200~250 毫克。

1~3 岁：600 毫克。

4~10 岁：800~1 200 毫克。

11~18 岁：1 000 毫克。

成年人：800 毫克。

孕晚期或哺乳期女性：1 000 毫克。

50 岁以上：1 000 毫克。

获取渠道

均衡摄食有助于补充钙

钙存在于各种食物中，但牛奶及乳制品如奶酪、酸奶、奶粉，各种水产如鱼肉、虾皮、河蚌、牡蛎，以及植物性食物中的豆类及豆制品，坚果，蔬菜如白菜、油菜、圆白菜中都含有丰富的钙。

铁

铁是血红蛋白的重要组成物质，成人体内铁的总质量可达 4~5 克。在人体中，血液中的血红蛋白和铁是一对"完美搭档"，担负着固定氧和输送氧的功能。铁在代谢过程中可反复被利用，人体缺铁会引起贫血症。只要不偏食，没发生过大出血的情况，成年人一般不会缺铁。

身体缺铁的信号：

● 全身乏力，无精打采，易疲劳，运动后肌肉酸痛的时间更长。

● 情绪易波动、闷闷不乐，易怒且烦躁不安。

● 记忆力减退、注意力不集中，或有贫血症状，但检查却仅显示血清铁偏低。

锌

锌是生长发育、智力发育必需的微量元素，是胰脏制造胰岛素必需的元素，可促进身体发育，有助于性器官的发育以及伤口愈合，可以保护皮肤健康。它在大脑生理功能调节方面也起着非常重要的作用，会影响神经系统的功能和结构。锌能促进人体生长发育，对儿童、青少年的成长异常重要。

身体缺锌的信号：

● 儿童厌食、偏食，指甲上有白色絮点。

● 免疫力下降，经常感冒、发热。

● 易患口腔溃疡。

● 伤口不易愈合。

● 青春期易生痤疮，且不易消除。

● 孕妇嗜酸，妊娠反应重。

获取渠道

动物性食物含铁量较高

动物性食物如猪肝、猪血、鸭血，以及植物性食物如大豆、蘑菇、木耳、芝麻，都含有丰富的铁元素。另外，海带、紫菜也是含铁较丰富的代表性食物。

获取渠道

海产品含锌丰富

一般贝壳类海产品、红色肉类以及动物内脏都是锌元素非常好的来源，谷类胚芽、麦麸以及坚果类食物也含有丰富的锌元素。儿童或青少年需补锌时，应多吃虾、蛤蜊、牡蛎、花生、牛肉、羊肉，以及动物内脏等食物。

不同人群饮食红黑榜

不同人群	红榜食物	黑榜食物
老年人	• 蛋白质和钙：大豆、豆浆、豆腐、鱼、虾、牛奶、鸡蛋、花生、核桃、杏仁、腰果等。 • 膳食纤维：糙米、玉米、小米、大麦、红小豆、豌豆、竹荪、牛蒡、海带等。 • 含钾蔬果：香蕉、草莓、橘子、葡萄、柚子、西瓜、菠菜、山药、毛豆、苋菜、葱等。	白酒、肥肉、咖喱、芥末、辣椒、盐、糕点、果汁、黄油、奶油、牛髓、巧克力、糖果、咸菜、蟹黄、羊髓、鱼子、猪肝、猪腰、猪油。
更年期女性	• B族维生素：全麦、燕麦、麦麸、玉米、牛奶、花生及各种蔬菜。 • 维生素C和维生素E：菠菜、莴苣、黄花菜、圆白菜、甘薯、山药及坚果等。	咖喱、胡椒、酒、咖啡、辣椒、蜜饯、浓茶、碳酸饮料、糖果、咸菜、咸鱼。
孕妈妈	• 高钙高蛋白质食物：牛奶、猪肉、牛肉、鸡肉，各种蛋类、鱼类、豆类及其制品等。 • 铁和叶酸：蛋黄、瘦肉、动物肝脏、稻米胚芽、菠菜、油菜、蘑菇、芦笋及新鲜水果等。 • 其他维生素和矿物质：深绿色及深黄色蔬菜，西红柿、苹果、香蕉等富含维生素C的蔬果等。	臭豆腐、肥肉、咖喱、芥末、酒、咖啡、辣椒、榴莲、浓茶、糯米、生鸡蛋、咸菜、咸鱼、洋葱、皮蛋。
哺乳妈妈	• 充足的蛋白质和钙：乳及其制品、鱼、虾皮、牛肉、猪瘦肉、鸡肉、蛋类、豆类及其制品等。 • 足够的汤水：鸡汤、鱼汤、排骨汤、猪蹄汤、各式粥类及其他流质、半流质食物。 • 维生素和其他矿物质：新鲜蔬菜，水果和海产品。	茶、酒、咖啡、碳酸饮料、大蒜、胡椒、花椒、茴香、韭菜、辣椒、麦芽、蜜饯、糖果、咸菜。
婴幼儿	• 婴儿阶段：以母乳或配方奶为主，保证足够的热量、蛋白质、脂肪及各种维生素、矿物质等。 • 幼儿阶段：配方奶、乳制品、豆制品、鸡蛋、肉类、鱼类，以及每天至少100克新鲜蔬果。	茶、动物脑、肥肉、蜂蜜、姜、辣椒、冷饮、大蒜、咸菜、味精、鸡精。

不同人群	红榜食物	黑榜食物
学龄儿童	<ul><li>碳水化合物、蛋白质和钙：米饭、面条、燕麦、土豆、肉类、动物肝脏、鱼类、蛋类、牛奶、酸奶等。</li><li>各种维生素：新鲜蔬果，比如西红柿、橘子、香蕉、木瓜、菜花、胡萝卜、香菇、木耳等。</li><li>充足的水分：白开水最佳，可适量饮用蔬果汁。</li></ul>	汉堡、碳酸饮料、炸薯条等。
青春期孩子	<ul><li>优质蛋白质和钙：猪肉、羊肉、鸡肉、动物肝脏、牡蛎、海参、紫菜，以及豆类、蛋类、奶制品等。</li><li>维生素和矿物质：各类新鲜蔬菜和水果均可。</li><li>铁和锌：瘦肉、菠菜、花生、核桃、苹果、橘子、白菜等。</li></ul>	人参等补品，以及罐头、果冻、酒、蜜饯、浓茶、巧克力、糖果、咸菜、咸鱼、腌肉、炸薯条等。
办公室久坐族	<ul><li>健脑食物：鱼类、蛋黄、白菜、大豆、胡萝卜、葱、大蒜。</li><li>降脂食物：豆类、谷类、粗黑面包、圆白菜、韭菜、樱桃、草莓、莴笋、芹菜等。</li><li>预防静脉曲张：糙米、红小豆、绿豆、木瓜、芒果、柠檬、番石榴、杏仁、核桃、腰果等。</li></ul>	白酒、白糖、肥肉、咸菜、羊髓、过量咖啡。
经常熬夜者	<ul><li>补充能量：谷类主食、蔬菜、水果及富含蛋白质的食物，比如肉类、蛋类、牛奶、枸杞子等。</li><li>B 族维生素：全麦、燕麦、麦麸、花生、油菜、蒜苗、白菜、菠菜等。</li><li>维生素 A：动物肝脏、胡萝卜、苋菜、菠菜、韭菜、甜椒、红薯、橘子等。</li><li>偏凉性食物：薏米、小米、黄瓜、苹果、葡萄、鲜果汁、绿茶等。</li></ul>	纯糖、肥肉、过多的盐、过量咖啡、辣椒、浓茶、泡面、大蒜、甜食、生姜。
经常外食者	<ul><li>均衡饮食：提供热量的米饭、面食，提供蛋白质的豆、蛋、奶、鱼、肉，提供维生素、矿物质和膳食纤维的蔬菜水果等。</li><li>蛋白质：尽量选择有一份鱼或肉类为主菜，配有2~4份青菜和豆制品的自助餐或盒饭。</li><li>膳食纤维和维生素 C：在快餐店进餐，可搭配一份蔬果沙拉，以保证摄入足够的膳食纤维和维生素 C。</li></ul>	汉堡、炸鸡、薯条、碳酸饮料、味道过重的卤汁、过多的沙拉酱。

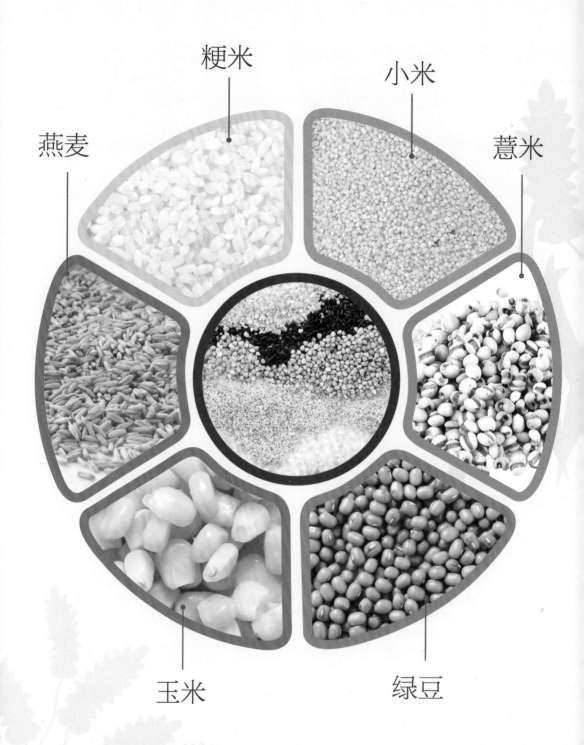

燕麦

粳米

小米

薏米

玉米

绿豆

第二章 谷物篇

中医讲"五谷为养"，五谷杂粮最能滋养五脏真气，我们一日三餐都离不开它们。谷类、豆类食物是我国传统膳食结构中的主角，它们除了可以提供机体所需要的能量，还是机体所需蛋白质的主要来源之一。谷类食物和豆类食物价格较为低廉，消化吸收利用率又高，它们一直都是我们重要、相对经济的营养来源。

粳米

性平　味甘、苦

粳米又名大米、硬米。粳米的米粒一般呈椭圆形或圆形，颜色蜡白，呈透明或半透明，质地硬而有韧性。煮熟后的粳米略有黏性，泛着油润的光泽，吃起来柔软可口。用粳米煮出来的粥饭比较绵软，有补脾胃、养五脏、壮气力的功效。

养生功效

《本草纲目》记载：粳米可健壮筋骨，补益胃肠，疏通血脉，调和五脏。可用于呕吐或温热病所致的脾胃阴伤、胃气不足、口干渴等。粳米有补中益气、健脾养胃、益精强志、调和五脏、疏通血脉、止烦、止渴、止泻的功效，常食能令人"强身好气色"。

人群推荐

✔一般人群：健脾益胃，老少皆宜。

✔婴儿：可用米汤进行辅食喂养。

✔患者、产妇：病后、产后虚弱，粥食最宜。

搭配推荐

• 菠菜＋粳米：可补血养血、润肠通便。

• 莲藕＋粳米：有健脾、开胃、止泻等功效。

可将粳米装入透气性小的无毒塑料袋内，扎紧袋口，放在阴凉干燥处储存。

营养成分（以每 100 克可食部计）

粳米中的蛋白质、脂肪、B 族维生素含量都比较高，还含有钙、磷、铁等多种微量元素。

营养素	含量	营养素	含量
蛋白质（克）	7.7	钾（毫克）	97
脂肪（克）	0.6	钠（毫克）	2.4
碳水化合物（克）	77.4	镁（毫克）	34
不溶性膳食纤维（克）	0.6	铁（毫克）	1.1
钙（毫克）	11	锌（毫克）	1.45
磷（毫克）	121	硒（微克）	2.5

注：本书营养素含量引用《中国食物成分表》标准版第六版数据。

养生吃法

在挑选粳米时，优先选青白色、有光泽、呈半透明状、气味清香的。粳米营养丰富，且部分营养存在于谷皮中，因此可适当吃一些糙米，保持营养均衡。

养生食谱

1 鲜奶玉液

原料：粳米 100 克，核桃仁、牛奶、白糖各适量。

做法：①粳米洗净，浸泡 1 小时后捞出，和核桃仁、牛奶、清水搅拌磨细，再用滤网过滤取汁。②将汁倒入锅内加清水烧沸，放入白糖搅拌至完全溶解。

营养功效：补脾肾、润燥益肺，适用于咳嗽、气喘、腰痛、便秘者。

胡萝卜玉米粥不仅可以调养脾胃，还可以促进消化。

本草附方

● 汗出不止：用一块柔软的布包入粳米粉，擦汗数次即止。

● 卒心气痛：取2升粳米，6升水，煮沸六七次，分次服下。

小偏方大功效

● 风寒感冒：粳米50克，葱白、白糖各适量。先煮粳米，粳米熟时把白糖和切成段的葱白放入略煮。每日1次，热服。

● 健脾益胃：粳米30~60克。加水适量，煮成稀粥，早晨食用。

② 胡萝卜玉米粥

原料：胡萝卜2根，粳米50克，玉米粒适量。

做法：①粳米洗净；胡萝卜洗净，切成小块。②锅中注入适量清水，加入粳米煮至五成熟时，放入胡萝卜、玉米粒煮熟。

营养功效：暖胃养胃，适合脾胃虚弱的人食用。

③ 蜜汁粳米花生粥

原料：粳米100克，花生米50克，牛奶、蜂蜜各适量。

做法：①粳米洗净，花生米洗净，一同放入清水中浸泡2小时。②锅中注入适量清水，加入粳米和花生米熬煮成粥，再加适量牛奶搅匀，待稍凉后加蜂蜜调味。

营养功效：补中益气、健脾养胃。

小米

性微寒

味咸

小米学名粟，小米是粟去壳后得到的，颜色金黄，颗粒小巧，含有丰富的脂肪、蛋白质和维生素。小米中的脂肪含量仅次于大豆，蛋白质和维生素含量高于大米，不过小米中缺乏一些人体必需的氨基酸。

养生功效

《本草纲目》记载：小米煮粥食益丹田、补虚损、开肠胃，其功用在于健脾、和胃、利肾。

小米主治胃热消渴，利小便，止痢，加水煮服用能治胃热引起的腹痛和鼻出血。焖小米饭对脾虚久泻、小儿消化不良有显著食疗作用。小米粥表面漂浮的一层形如油膏的黏稠物为"米油"，可滋阴养血、调理身体。

人群推荐

✔一般人群：健脾益胃，老少皆宜。

✔产妇：产后虚弱，粥食最宜。

✔高血压、皮肤病、炎症患者：小米对高血压、皮肤病、炎症均有一定的预防和抑制作用。

营养成分（以每 100 克可食部计）

小米含有较多的维生素和矿物质，对身体虚弱的产妇具有很好的滋补作用。

营养素	含量	营养素	含量
蛋白质（克）	9.0	磷（毫克）	229
脂肪（克）	3.1	钾（毫克）	284
碳水化合物（克）	75.1	钠（毫克）	4.3
膳食纤维（克）	1.6	镁（毫克）	107
维生素 A（微克）	8	铁（毫克）	5.1
维生素 B_1（毫克）	0.33	锌（毫克）	1.87
维生素 B_2（毫克）	0.1	硒（微克）	4.74
维生素 E（毫克）	3.63	铜（毫克）	0.54
钙（毫克）	41	锰（毫克）	0.89

搭配推荐

● 桂圆 + 小米：适用于心脾虚损、失眠健忘等症。

● 胡萝卜 + 小米：有助于保健眼睛，滋养皮肤。

养生吃法

淘米时不要用手搓，也不要长时间浸泡或用热水淘米，避免营养物质流失。小米虽然亮氨酸含量高但缺乏赖氨酸，所以不能完全以小米为主食，应注意饮食搭配，补充全面的营养。小米宜与大豆或肉类食物混合食用，大豆中富含赖氨酸，可以弥补小米的不足。但小米不宜与杏仁同食，否则会令人呕吐腹泻。

新鲜小米色泽均匀，呈金黄色，富有光泽。

养生食谱

① 桂圆小米板栗粥

原料： 小米、玉米各 80 克，桂圆、板栗各 50 克，红糖适量。

做法： ①小米、玉米分别洗净；桂圆、板栗去壳取肉，洗净备用。②小米、玉米、桂圆、板栗一同放入锅中，注入清水，熬煮成粥，调入红糖拌匀。

营养功效： 益补肝肾、养心健脑。

② 芹菜小米粥

原料： 芹菜、小米各 50 克，粳米 100 克，白糖适量。

做法： ①芹菜去根，洗净，切碎末。②小米、粳米均洗净，放入锅中，加适量水，大火煮成粥。③放入芹菜，粥熟时加白糖调味。

营养功效： 小米含有多种维生素、氨基酸，与富含膳食纤维的芹菜一同食用，有助于改善体质，预防便秘。

③ 小米鸡蛋粥

原料： 小米 100 克，鸡蛋 2 个，红糖适量。

做法： ①小米洗净，放入锅中，加水，用大火烧沸。②再用小火熬煮至粥稠，打入鸡蛋，然后把鸡蛋打散略煮，以红糖调味。

营养功效： 和胃安眠，适用于睡眠不实、脾胃不和者。

本草附方

- 鼻血不止：小米粉同水煮服用。
- 反胃吐食、脾胃虚弱：小米半升，磨成粉，加水调成丸子。每次用 7 枚，煮熟后，加盐调味，空腹和煮丸子的汁一起吞下。

小偏方大功效

- 糖尿病多食善饥：以陈小米煮粥，有良效。

小米可健脾养胃，鸡蛋能补充蛋白质，红糖补气血，三者同煮，有化瘀生津、散寒活血、驱寒的功效。

糯米

性温　　味苦

> 加热后易吸收：糯米不易消化，加热或煮成稀粥后易被人体消化吸收，营养滋补。

糯米又称江米，是糯性的大米。米粒呈乳白色，不透明，煮熟后透明，黏性大，常被用来制作元宵、粽子、八宝粥等，还可以用来酿酒。

主要营养成分（以每 100 克可食部计）

营养素	蛋白质（克）	脂肪（克）	钙（毫克）
含量	7.3	1.0	26

养生功效

《本草纲目》言其"暖脾胃，止虚寒泄痢，缩小便，收自汗，发痘疮"。经常食用糯米可养胃益气、补脾益肺、强壮身体，对脾胃虚寒、食欲不佳、腹胀、腹泻也有一定缓解作用。糯米适用于脾胃虚寒导致的反胃、食欲下降，以及气虚引起的汗虚、气短无力等症。

人群推荐

✔ 脾虚泄泻者：有补中益气、止泻的作用。

✔ 产妇血虚者：益血安胎，宜食粥。

✘ 老人、小孩、消化不良者：糯米不易消化，一次不要食用过多。

搭配推荐

● 大枣 + 糯米：健脾益气，适用于心悸、失眠等症。

● 莲子 + 糯米：强健骨骼及牙齿，能补养脾肺。

本草附方

● 鼻出血不止：将糯米略微炒黄，研成末，每次用新打上的井水调服 2 钱[1]，同时向鼻中吹入少许。

● 自汗不止：将糯米、小麦麸同炒，研成末，每次用米汤送服 3 钱，或煮猪肉来蘸末吃。

● 腰痛虚寒：将 2 升[2]糯米炒熟装入袋中，拴靠在腰痛处，配合研成末的八角茴香用酒送服。

注①：钱是旧时重量单位，1 钱约等于 3 克。
注②：古代体积单位，明代 1 升约为现在 1074 毫升。

养生食谱
糯米百合粥

原料：糯米 100 克，百合、莲子各 10 克，白糖适量。

做法：①糯米、百合、莲子洗净备用。②锅中注入适量清水，烧到半开时，倒入所有食材，待大火烧沸后调至小火慢慢熬煮，粥熟时加入适量白糖，搅拌均匀。

营养功效：增强体质，适用于体质虚弱、面色萎黄、少气乏力者。

薏米

性微寒　味甘

先泡更易熟：薏仁较难煮熟，在煮之前需以温水浸泡 2~3 小时，再煮就容易熟了。

薏米又称薏仁、薏苡仁、苡仁。薏米为宽卵形或长椭圆形，腹面有一条宽而深的纵沟，挑选薏米时，要选择米质坚实、饱满、色白的。

主要营养成分（以每 100 克可食部计）

营养素	蛋白质（克）	脂肪（克）	碳水化合物（克）
含量	12.8	3.3	71.1

养生功效

《本草纲目》记载：薏米能健脾益胃，补肺清热。

人群推荐

✔一般人群：薏米能补虚，老少皆宜。

✔肿瘤患者：能减轻肿瘤患者放疗化疗的毒副作用。

✔爱美人士：薏米中的薏苡素可以防止晒黑，薏米是天然的养颜去皱食材。

搭配推荐

• 香菇 + 薏米：化痰理气、清热排脓。

• 银耳 + 薏米：滋补生津，常食可治疗脾胃虚弱、肺胃阴虚等症。

本草附方

• 水肿、喘气急促：郁李仁 3 两①研末，用水滤汁后和薏米煮饭，每天吃两次。

• 天阴后风湿身疼：麻黄 3 两，杏仁 20 枚，甘草、薏米各 1 两，加入 4 升水，煮至 2 升，分两次服。

• 肺痿咳嗽：薏米 10 两捣碎，加入 3 升水，煎至 1 升，用少量酒送服。

注①：两是旧时重量单位，1 两约等于 37 克。

养生食谱
薏米莲子百合粥

原料：薏米、粳米各 50 克，莲子（去心）30 克，百合 20 克，红糖、枸杞子各适量。

做法：①薏米、粳米、莲子、百合分别洗净。②锅中注入适量清水，加入薏米、莲子、百合煮烂，再加入粳米煮成粥，加枸杞子略煮，用适量红糖调味食用。

营养功效：健脾除湿、润肺止泻、润肤美容。

玉米

性平　味甘

玉米又称玉蜀黍、苞米、苞谷、棒子、番麦，含有丰富的蛋白质、维生素、脂肪、微量元素等，经常出现于餐桌上。

养生功效

据《本草纲目》记载，玉米味甘性平，无毒，可调中开胃，其根叶可治小便淋沥。另外，玉米中丰富的膳食纤维还可以促进胃肠蠕动，防治便秘，降糖、降压。主治调中健胃，消肿利尿，用于脾胃不健、食欲不振、小便不利或水肿、高脂血症、冠心病等。

人群推荐

✔一般人群：老少皆宜。

✔老人：玉米是抗眼睛老化的佳品。

✔糖尿病患者：玉米中的膳食纤维可吸收一部分葡萄糖，使血糖浓度下降。

搭配推荐

• 草莓＋玉米：预防黑斑、雀斑。

• 松子＋玉米：预防心脑血管疾病。

• 菜花＋玉米：健脾益胃、延缓衰老。

营养成分（以每100克可食部计）

玉米中含镁、硒等元素，有助于防癌抗癌。玉米富含的镁、钾元素，可预防缺血性心脏病。

营养素	含量	营养素	含量
蛋白质（克）	4.0	磷（毫克）	117
脂肪（克）	1.2	钾（毫克）	238
碳水化合物（克）	22.8	镁（毫克）	32
膳食纤维（克）	2.9	硒（微克）	1.63

养生吃法

玉米的品种不同，其营养价值不同，选择适合自己的才能够充分发挥食疗作用。常见的玉米种类有水果玉米、紫玉米、糯玉米三种。

水果玉米：又称甜玉米，含糖量较高，糖尿病人群应少食。可生食，也可剥粒后清炒，特别甜、嫩。水果玉米中油酸含量在60%以上，可减少胆固醇在血管中的沉积。

紫玉米：紫玉米相对于普通的玉米，含有大量的多酚化合物和花青素，这两种成分有很好的防衰老、抗癌功效。

糯玉米：糯玉米中赖氨酸含量要比普通玉米高很多，黏软清香，非常易于消化吸收。糯玉米可煮制后直接食用，也可剥粒后搭配红小豆、桂圆煮粥。

玉米有抗氧化作用，能延缓衰老。

养生食谱

❶ 黑芝麻双米粥

原料：小米 60 克，黑芝麻 20 克，玉米粒 40 克，鹌鹑蛋 3 个，冰糖适量。

做法：①小米洗净；黑芝麻干锅炒熟后碾成芝麻粉；鹌鹑蛋煮熟去壳备用。②锅中加入小米、黑芝麻粉、玉米粒和水，大火煮开，改小火煮熟。③加入冰糖，待冰糖化开后，放入鹌鹑蛋。

营养功效：玉米与黑芝麻同食，可润肠通便。

小偏方大功效

● 小便不利：玉米粒 180 克，甜椒、盐各适量。玉米粒洗净，甜椒切小丁。锅中放油烧热，加玉米粒煸炒 5 分钟，放入甜椒丁、盐，翻炒片刻。

❷ 排骨玉米

原料：玉米段、排骨各 300 克，扁豆、香菇块各 60 克，葱花、姜丝、盐、酱油、胡椒粉、红糖各适量。

做法：①扁豆洗净；排骨洗净，氽熟。②油锅烧热，放入红糖，炒至红亮后放入排骨翻炒均匀，加水、葱花、姜丝，炖煮至排骨入味。③放香菇块、玉米段、扁豆，煮至食材全熟，加盐、酱油、胡椒粉调味。

营养功效：补益气血、健脾养胃。

❸ 红薯玉米粥

原料：红薯 250 克，玉米 200 克。

做法：①红薯洗净，切小块；玉米洗净，剥粒。②锅中注入适量清水，下入全部食材，煮至红薯软烂、玉米开花。

营养功效：红薯玉米粥容易产生饱腹感，适宜减肥人群食用。

❹ 苹果玉米汤

原料：苹果 2 个，玉米半根，鸡腿 1 只，姜片适量。

做法：①鸡腿放入沸水中氽后捞出；苹果、玉米洗净，切成块。②把鸡腿和玉米、苹果、姜片加上清水一同放入锅中，大火烧沸，转小火煲 40 分钟，捞出姜片。

营养功效：利尿，缓解水肿。

苹果玉米汤对于一般人群均适宜，具有健脾开胃、生津润燥的功效。

燕麦

性平 **味甘**

燕麦又称雀麦、野麦等。它长得有点像小麦，但比小麦细长，是一种低糖、高营养的食物。

养生功效

据《本草纲目》记载，燕麦可充饥滑肠。另外，很多老年人大便干燥，排便时用力容易导致脑出血，燕麦对缓解便秘有一定作用。它还含有丰富的维生素 E，可以保持肌肤弹性。

人群推荐

✔一般人群：燕麦补虚，老少皆宜。

✔便秘者：燕麦有通便的作用。

✔糖尿病患者：燕麦含丰富可溶性膳食纤维，可以控制血糖指数，降低胆固醇，降血压。

营养成分（以每 100 克可食部计）

燕麦富含钙，能有效预防骨质疏松。燕麦中含有磷、铁、锌等矿物质，能促进伤口愈合、防止贫血。

营养素	含量	营养素	含量
蛋白质（克）	10.1	磷（毫克）	342
脂肪（克）	0.2	钾（毫克）	356
碳水化合物（克）	77.4	镁（毫克）	116
膳食纤维（克）	6.0	锌（毫克）	1.75
钙（毫克）	58		

搭配推荐

• 牛奶 + 燕麦：对机体糖类、脂类代谢有调节作用。

• 山药 + 燕麦：具有健身益寿的作用，更是糖尿病、高血压、高脂血症患者的膳食佳品。

• 小米 + 燕麦：可增加各类维生素、矿物质的摄取量。

养生食谱

1 小白菜鸡蛋麦片

原料：小白菜 80 克，燕麦片 100 克，鸡蛋 1 个，盐、香油各适量。

做法：①锅中注入适量清水，烧沸，把鸡蛋打入锅内搅散，小白菜洗净，切碎放入。②待水烧沸后，放燕麦片并不停搅动，烧沸后加盐，淋上香油。

营养功效：降脂减肥，适用于肥胖、高脂血症、冠心病患者食用。

燕麦一次不宜食用太多，容易胀气。

全麦大枣饭富含 B 族维生素、维生素 E、钙等营养成分，可缓解不良情绪、补血健胃、养颜嫩肤。

用食物养身体

本草附方

- 胞衣不下：胎儿亡腹中胞衣不下者，取 1 把燕麦加入 5 升水，煮至 2 升水，温服。

小偏方大功效

- 自汗、盗汗：燕麦 30 克。水煎去渣，分 2 次服，服食时可加白糖。
- 消食化积：燕麦、粳米各 50 克。同煮至粥熟后，加适量白糖调味服食。

2 全麦大枣饭

原料：燕麦、大麦、小麦、荞麦各 40 克，粳米 50 克，大枣 8 个。

做法：①燕麦、大麦、小麦、荞麦分别洗净，浸泡一晚；粳米、大枣洗净。②将所有的食材一同入锅，加适量清水煮成饭。

营养功效：减肥、美容养颜。

3 山药牛奶燕麦粥

原料：牛奶 500 毫升，燕麦片 100 克，山药 50 克，白糖适量。

做法：①将牛奶倒入锅中，山药洗净去皮切块，与燕麦片一同入锅。②小火煮，边煮边搅拌，煮至燕麦片、山药熟烂，加白糖调味。

营养功效：润肠通便、排便不顺的人可以多吃。

小麦

性微寒　味甘

小麦磨成面粉后，可制成各种面点。小麦中的营养成分因品种和环境条件不同，差别较大。因此，在挑选面粉时应注意产地。

养生功效

《本草纲目》记载：小麦可除热，止烦渴，利小便，补养肝气，止漏血唾血。小麦主要具有养心益肾、健脾止渴、除热解渴、收敛虚汗等作用。小麦性微寒，制成面粉后则性温。另外，全麦食品可以降低血液循环中雌激素的含量，预防乳腺癌。小麦粉还有很好的嫩肤、除皱、祛斑作用，与粳米搭配食用效果好。

人群推荐

✔ 一般人群：小麦健脾益胃，老少皆宜。

✔ 食道炎患者：小麦有助于抵抗食管癌，宜多吃。

✘ 慢性肝病患者：小麦含天然镇静剂物质，慢性肝病患者不宜食用。

营养成分（以每100克可食部计）

小麦中含有丰富的淀粉、蛋白质、磷、钙，是人体碳水化合物的主要来源之一。

营养素	含量	营养素	含量
蛋白质（克）	11.9	钙（毫克）	34
脂肪（克）	1.3	磷（毫克）	325
碳水化合物（克）	75.2	钾（毫克）	289
膳食纤维（克）	10.8	硒（微克）	4.05

搭配推荐

● 大枣 + 小麦：可养气血、健脾胃，适用于气血两亏、脾胃不足所致的心慌、气短、失眠。

● 山药 + 小麦：有益于调养小儿脾胃虚弱。

养生吃法

根据加工精度，面粉可分为标准粉、富强粉和精白粉，其营养物质含量各不相同。标准粉加工精度较低，保留了较多的胚芽及外膜，其中贮藏大部分营养成分，故营养价值较高。富强粉蛋白质含量高，常用于制作有弹性、有嚼劲的面包、面条等。精白粉加工精度最高，维生素和矿物质的损失也最多，但精白粉含脂肪少，易保存，消化吸收率比标准粉高。

油炸会破坏小麦面粉中的营养素，所以尽量不要用油炸，油炸时温度也不宜过高。

小麦做成面粉时，加工精度越高，营养流失越多。

麻酱花卷含有蛋白质、碳水化合物和各种微量元素。

本草附方

● 老人小便不利：小麦 1 升，通草 2 两，水 3 升煮至 1 升，饮服。

● 颈部肿大（甲状腺肿）：小麦 1 升，醋 1 升浸泡，晒干后研为末，海藻磨末 3 两和匀，酒送服 1 方寸匕①，每日 3 次。

● 小便尿血：麸皮炒香，用肥猪肉蘸食。

● 吐血：小麦粉略炒，用藕节汁调服。

● 出血：口、耳、鼻皆出血者，面粉加盐少许，冷水调服 3 钱。

注①：方寸匕是旧时体积单位，1 方寸匕约等于 3 毫升。

养生食谱

① 大枣小麦粥

原料：脱壳小麦（即麦仁）、粳米各 50 克，大枣 3 个。

做法：①将麦仁洗净，浸泡 2 小时；粳米洗净；大枣洗净，去核。②所有材料放入锅中，加适量水煮成粥。

营养功效：养心血、止虚汗、益气血、健脾胃。

② 麻酱花卷

原料：小麦粉 400 克，芝麻酱 100 克，酵母粉、盐各适量。

做法：①小麦粉加入温水和酵母粉，发起后揉匀，饧发。②芝麻酱放入碗内，加盐调匀。③将发面团擀成片，抹芝麻酱，卷成卷，切成相等的段，每两段叠起拧成花卷，大火蒸 15 分钟。

营养功效：芝麻酱中钙的含量较高，可补钙。

③ 麦冬小麦粥

原料：山药 60 克，小麦 60 克，麦冬 30 克，粳米 30 克。

做法：①山药去皮，洗净，切丁；小麦、麦冬、粳米洗净。②所有食材放入锅内，加适量清水，大火煮沸后，小火煮至全部食材熟烂。

营养功效：养心肺、止烦渴，适合糖尿病患者食用。

黄豆

性温 **味甘**

黄豆含有丰富的蛋白质，常被加工制作成各种豆制品，是餐桌上常见的美味，有"植物肉"之称。

养生功效

《本草纲目》记载：大豆有黑、白、黄、褐、青、斑数色。黄者可做腐、榨油、造酱，余也可做腐，炒食也可。宽中下气，利于调养大肠，消水胀肿毒。

人群推荐

✔孕妇：可补充妇女在怀孕期间的钙流失。

✔儿童：黄豆中含铁丰富，可防治儿童缺铁性贫血。

✘食积腹胀者：黄豆易在胃肠中产生气体，加重食积腹胀。

搭配推荐

• 松子＋黄豆：具有抗衰老的作用。

• 玉米＋黄豆：加强肠壁蠕动，能够预防大肠癌。

营养成分（以每100克可食部计）

黄豆是含蛋白质丰富的植物性食物，同时还含有必需的脂肪酸和亚麻油酸。

营养素	含量	营养素	含量
蛋白质（克）	35.0	维生素E（毫克）	18.9
脂肪（克）	16.0	钙（毫克）	191
碳水化合物（克）	34.2	磷（毫克）	465
膳食纤维（克）	15.5	钾（毫克）	1503

养生吃法

黄豆可制成豆腐，有助于维持人体健康，但豆腐中缺少一种必需氨基酸——蛋氨酸，如果搭配鱼、鸡蛋、海带等食用，便可提高其蛋白质的利用率。

养生食谱

❶ 豆浆炖羊肉

原料：羊肉200克，山药150克，豆浆、盐、姜丝各适量。

做法：①羊肉洗净，切成块；山药去皮，洗净，切块。②将所有材料一起放入锅中炖2小时。

营养功效：具有滋阴补血的作用，改善更年期症状，延缓衰老。

黄豆中的不饱和脂肪酸和大豆卵磷脂能保持血管弹性，并有健脑功效。

❷ 鸭血豆腐汤

原料: 鸭血 250 克,豆腐 300 克,盐、高汤、酱油、香油、香菜末各适量。

做法: ①鸭血和豆腐洗净,切成条,分别放入沸水氽一下。②锅置火上,倒入高汤 750 毫升烧沸,放鸭血、豆腐,煮至豆腐漂起,加入盐、酱油、香菜末,淋入香油拌匀。

营养功效: 降血脂,保护血管,预防心血管疾病,豆腐可补钙,鸭血可补铁。

❸ 黄豆芽煲墨鱼

原料: 淡菜、黄豆芽各 100 克,墨鱼 200 克,姜片、葱段、蒜末、盐各适量。

做法: ①淡菜洗净,切半;墨鱼洗净,切段;黄豆芽洗净。②油锅烧热,加入姜片、葱段、蒜末爆香,再加入淡菜、墨鱼、黄豆芽炒匀,倒入清水,用小火煲 30 分钟,加盐调味。

营养功效: 滋阴补血,降低血压。

用食物
养身体

本草附方

● 痘后生疮:黄豆烧黑研末,香油调涂。

小偏方大功效

● 习惯性便秘:黄豆皮 120 克,用水煎汤,分 3 次服用。

● 疖肿疔疮:黄豆适量,在水中浸软,加白矾少许,一同捣烂成泥,外敷患处。

● 预防心脏病:将 250 克黄豆洗净,用凉水浸泡一夜。第二天将黄豆煮熟,放入干燥的玻璃瓶内,倒醋没过黄豆,浸泡 3 天即可食用。每天 1~2 次,每次 20~25 粒。

鸭血豆腐汤可补血补虚、健脑壮骨,增强身体免疫力,调节内分泌。

红小豆

性平 味甘、酸

红小豆又称红豆、小豆、赤豆，常被用来煮粥。挑选红小豆时，以粒紧、色紫赤者为佳。

养生功效

《本草纲目》记载：红小豆可下水肿，排除痈肿和脓血。还有消热毒，止腹泻，利小便，除胀满、消渴，除烦闷，通气，健脾胃等功效。红小豆被李时珍称为"心之谷"，是人们生活中不可缺少的高营养、多功能的杂粮，但它有利尿作用，尿频患者不宜多食。

人群推荐

✔ 水肿、肾炎患者：红小豆具有下水肿、止泻痢、健脾胃、热中消渴、降压的作用。

✔ 产妇：多吃红小豆，有催乳的作用。

✘ 阴津不足者：忌服。

搭配推荐

• 百合 + 红小豆：有补充气血、安定神经的作用。

• 鲤鱼 + 红小豆：能利水除湿，适宜水肿者食用。

营养成分（以每 100 克可食部计）

红小豆富含淀粉，又被称为"饭豆"。红小豆含有丰富的铁质，具有很好的补血功能。

营养素	含量	营养素	含量
蛋白质（克）	20.2	维生素 E（毫克）	14.36
脂肪（克）	0.6	钙（毫克）	74
碳水化合物（克）	63.4	磷（毫克）	305
膳食纤维（克）	7.7	钾（毫克）	860

养生吃法

红小豆的皂苷类化合物主要存在于种皮部分，所以煮食红小豆不要去皮。红小豆中含有被称为"胀气因子"的酶，容易在肠道内发生产气现象，使人有胀气的感觉，在煮红小豆时加少许盐，有助于排出胀气。

红小豆在开水中浸泡后，捞出晒干，收在缸中，可延长保质期。

养生食谱

❶ 红小豆荸荠煲乌鸡

原料：红小豆 50 克，净乌鸡半只，荸荠、葱段、姜片、高汤、料酒、胡椒粉、盐各适量。

做法：①红小豆用温水泡透；净乌鸡剁块，氽水；荸荠洗净，去皮，切片。②锅中放红小豆、乌鸡块、荸荠片、姜片、高汤、料酒、胡椒粉，大火烧开，改小火煲约 2 小时，调入盐，撒上葱段略煮。

营养功效：补血养颜、改善脾虚体弱。

熬制红小豆花生粥时，可以煮的时间久一些，以免增加肠道负担，影响消化吸收。

用食物养身体

本草附方

● 痔疮出血：取红小豆2升，醋5升，煮熟后在太阳下晒到醋干为止，研成末，和酒服1钱，每日3次。

● 尿痛、尿血：红小豆3合①，炒后研末，再加葱段适量，用小火煨好，加酒调服2钱。

注①：合是旧时体积单位，1合约等于20毫克。

小偏方大功效

● 水肿：红小豆120克。煮汤当茶饮。

● 乳汁不通：红小豆250克，粳米适量。煮粥食用。

● 利水消肿：红小豆30克，薏米20克。将红小豆、薏米洗净浸泡半日，捞出沥干。两者同煮成粥，放凉食用。

② 红小豆花生粥

原料：红小豆50克，花生25克，粳米100克，陈皮、红糖各适量。

做法：①陈皮、红小豆、花生分别洗净，放入锅中，注入适量清水。②烧沸约10分钟后再将粳米洗净加入，用小火慢慢熬煮，待熟烂时加红糖调味。

营养功效：花生富含抗氧化剂、矿物质和维生素等营养成分，搭配红小豆，有养血养颜、滋润肌肤的功效。

③ 红小豆酒酿蛋

原料：甜酒酿1碗，鸡蛋2个，红小豆50克。

做法：①红小豆洗净，浸泡4小时，倒入锅中加水煮熟烂。②在煮熟的红小豆粥中，将打散的蛋液倒入，快速搅匀，再将酒酿倒入锅中，轻轻搅拌匀，继续加热5分钟。

营养功效：鸡蛋、红小豆与米酒同食，有补血、通乳功效。米酒中经过酒曲发酵的糯米更易消化。

绿豆

性寒　味甘

绿豆是常见的谷类食物之一，有清热去火的功效，常被用来煮粥，做绿豆汤、绿豆糕，发绿豆芽，有良好的食用价值和药用价值。

主要营养成分（以每100克可食部计）

营养素	蛋白质（克）	脂肪（克）	钾（毫克）
含量	21.6	0.8	787

养生功效

《本草纲目》记载：绿豆可解多种毒，煮食可以消肿下气，清热解毒。用绿豆皮制作枕芯，还有清心明目的功效。

清热降火：绿豆能清热解毒、活血化瘀，可治暑天发热、自觉内热及伤于暑气的各种疾病。

降低胆固醇：绿豆中含有的植物甾醇可减少肠道对胆固醇的吸收，有降低胆固醇含量的作用，因而适合高脂血症患者食用。

人群推荐

✔女性：绿豆能美容，常吃有助于消退面部色斑。

✔肥胖者：常吃绿豆芽可以减肥，适合肥胖者食用。

搭配推荐

• 南瓜＋绿豆：可生津益气，对夏季心烦、口渴、尿赤、头昏、乏力等症有一定疗效。

• 百合＋绿豆：有清热润肺的功效。

• 薏米＋绿豆：改善肤质，治疗脚气病。

本草附方

• 扁鹊三豆饮：预防、治疗痘疮，疏解热毒。用绿豆、红小豆、黑大豆各1升，甘草节2两，加入8升水，煮至极熟。食豆饮汁，7日乃止。

养生食谱
绿豆薏米粥

原料：绿豆150克，薏米60克，冰糖适量。

做法：①绿豆、薏米全部洗净，浸泡4小时。②锅中注入适量清水，加绿豆、薏米，小火煮熟，放冰糖调味。

营养功效：解暑除烦、利水消肿，是夏季解暑的上佳选择。

芝麻

性平　味甘

炒后才能发挥功效：食用芝麻要经过清洗、炒制后才能发挥更大功效。

芝麻又名胡麻、巨胜。有黑白之分，食用以白芝麻为佳，入药则以黑芝麻为良。在挑选时，应选大而饱满、皮薄、嘴尖而小的为好。

主要营养成分（以每100克可食部计）

营养素	蛋白质（克）	脂肪（克）	钙（毫克）
含量	19.1	46.1	780

养生功效

《本草纲目》记载：芝麻可治疗体虚、劳累过度，能润滑胃肠，疏通经络血脉，还可去除头皮屑，滋润肌肤。

另外，黑芝麻还有以下功效。

补血润肠：黑芝麻具有丰富的铁和蛋白质，对治疗贫血有良好的效果。黑芝麻是高膳食纤维食物，能润肠通便、缓解便秘。

保护心脏：黑芝麻中独有的芝麻素，具有抑制胆固醇吸收与合成、抗氧化等功效，可改善血脂过高的状况，对保护心脏也有好处。

降压降脂：黑芝麻中丰富的亚油酸和卵磷脂，有利于降血压和降血脂，还对机体神经活动有所帮助，可预防阿尔茨海默病。

人群推荐

✔一般人群：补益五脏，老少皆宜。

✔产后乳汁缺乏者：芝麻有通乳的功效。

✔发枯、发白者：多吃黑芝麻可养发乌发。

搭配推荐

● 海带＋芝麻：可美容颜、抗衰老。

● 柠檬＋芝麻：可补血养颜。

本草附方

● 风寒感冒：芝麻炒焦，趁热和酒饮用，暖卧出汗则愈。

养生食谱

黑芝麻花生粥

原料：黑芝麻30克，粳米150克，花生50克。

做法：①黑芝麻干锅炒熟。②粳米洗净，与花生一同放入锅内，加适量清水，熬煮至八成熟时放入黑芝麻，同煮成粥。

营养功效：缓解便秘、护肤美容、补充营养。黑芝麻中的维生素E具有抗氧化的功能，能够清除自由基，预防和改善贫血。

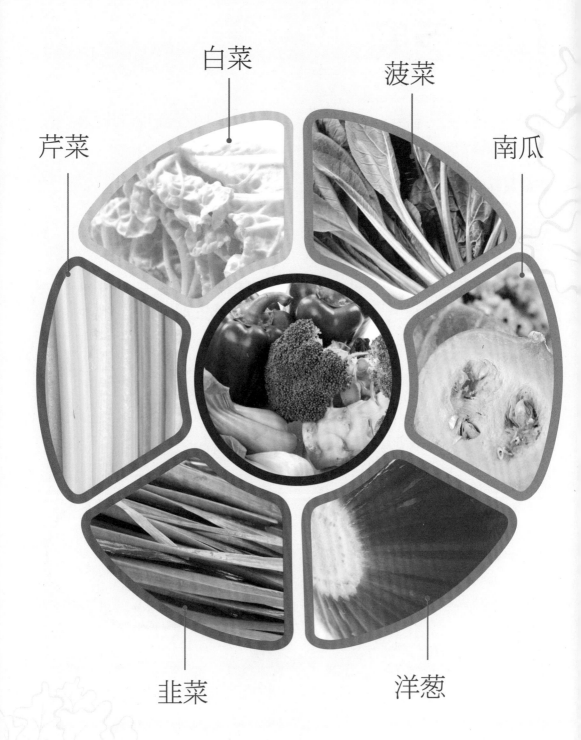

芹菜

白菜

菠菜

南瓜

韭菜

洋葱

第三章 蔬菜篇

中国人食用蔬菜历史悠久，两千多年前的古人就懂得"五菜为充"的道理。蔬菜是公认的健康食材，不仅可以供给人体所必需的营养，还有很好的防病治病功效。蔬菜可以增强机体的抗病毒能力，清洁血液，预防和改善各种因蛋白质及脂肪摄取过多、营养过剩而生出的"文明病""富贵病"。

白菜通常指大白菜。白菜种类很多，有青麻叶、高桩、大毛边、娃娃菜等品种。白菜可炒食、做汤、腌制，是人们餐桌上必不可少的蔬菜之一。

养生功效

《本草纲目》记载：白菜利肠胃，除胸闷，解酒后口渴。消食下气，止热邪咳嗽，冬天的白菜汁更好，可和中，利大小便。

大白菜也可以防治感冒、发热、咳嗽等症。

人群推荐

✔一般人群：白菜甘温，老少皆宜。

✔腹胀者：白菜可通利胃肠，腹胀者宜食。

搭配推荐

• 鲤鱼＋白菜：对妊娠水肿具有辅助治疗效果。

• 奶酪＋白菜：二者同食有助于形成磷酸钙，可预防骨质疏松与肌肉抽搐等症。

• 白萝卜＋白菜：解渴利尿、帮助消化。

• 牛肉＋白菜：营养全面、丰富，健脾开胃。

营养成分（以每 100 克可食部计）

白菜中的膳食纤维可促进人体对动物蛋白的消化吸收，但不可过多冷食，气虚胃寒者更不能多吃。

营养素	含量	营养素	含量
蛋白质（克）	1.6	维生素 C（毫克）	37.5
脂肪（克）	0.2	钙（毫克）	57
碳水化合物（克）	3.4	磷（毫克）	33
膳食纤维（克）	0.9	钠（毫克）	68.9

养生吃法

菜帮、菜叶和菜心的营养成分差异不大，但菜帮和菜叶的膳食纤维、叶绿素及维生素含量相对较多，而菜心口感相对更嫩；不要吃放了很久的白菜，较温暖环境中久放的白菜亚硝酸盐含量会剧增，吃了不利于身体健康。

养生食谱

1 油焖白菜

原料：白菜心 500 克，平菇 250 克，盐、胡椒粉、水淀粉各适量。

做法：①白菜心、平菇洗净，加盐稍腌。②油锅烧热，倒入白菜心，加清水，将白菜心焖熟后沥干汤汁，摆盘。③锅内放清水、平菇、盐、胡椒粉、烧沸，淋入水淀粉勾芡，浇在白菜上。

营养功效：有通利胃肠、清热解毒的作用。

2 果汁白菜心

原料：白菜心 400 克，红甜椒 1 个，香菜、盐、橘子汁、白糖各适量。

做法：①白菜心洗净，切细丝；红甜椒去蒂，洗净，切丝；香菜洗净，切段。②白菜心、红甜椒、香菜用盐水腌 20 分钟，倒出盐水，加入橘子汁、白糖拌匀，放冰箱冷藏室内冷藏数小时后食用。

营养功效：健脾开胃，可预防和治疗便秘。

本草附方

● 酒醉不醒：白菜籽 2 合
细研，加入井华水 1 盏[1]
调匀，分 2 次服用。

注①：盏为古代体积单位，1 盏
约为 200 毫升。

小偏方大功效

● 胃溃疡：白菜捣烂榨汁
200 毫升，饭前加热，温
服，每日 2 次。
● 消化不良、便秘：白菜
200 克，用沸水煮食。
● 感冒：白菜根 3 个洗净
切片，红糖、姜适量，水
煎服。每日 2 次。

❸ 板栗扒白菜

原料：板栗 150 克，白菜 400 克，葱末、姜末、
水淀粉、盐各适量。

做法：①板栗去皮，洗净，切块，放入锅中煎一
下；白菜洗净，切片，先放入锅内煸炒，熟后盛
出备用。②锅中放油烧热后，放入葱花、姜末炒
香，接着放入白菜与板栗，用水淀粉勾芡，加盐
调味。

营养功效：润肠、缓解便秘。

❹ 白菜炖豆腐

原料：白菜 400 克，豆腐 300 克，香油、盐、葱
末、姜末、枸杞子各适量。

做法：①豆腐切成块；白菜洗净，切成段。②锅
中放入适量清水，倒入豆腐块、白菜段、姜末和
枸杞子，炖煮 10 分钟。③出锅前加盐调味，加
葱末、香油提香。

营养功效：清热解毒、健脾开胃。

圆白菜

性平 **味甘**

> 烹饪技巧：在食用圆白菜之前，不能只是冲洗外表，而是要将其切开，在淡盐水中泡 10 分钟。

圆白菜别名甘蓝、洋白菜、包心菜，为十字花科植物甘蓝的茎叶。圆白菜富含膳食纤维、矿物质、维生素等，多吃可以补充营养，强身健体。

主要营养成分（以每 100 克可食部计）

营养素	维生素 C（毫克）	钙（毫克）	钾（毫克）
含量	16.0	28	46

养生功效

《本草纲目》记载，圆白菜煮食甘美，其根经冬不死，春亦有英，生命力旺盛。另外，圆白菜还有抗癌、预防溃疡、消炎杀菌等作用。

防治溃疡：圆白菜富含维生素 U，对溃疡有很好的治疗作用，能加速溃疡的愈合，还能防止胃溃疡恶变。

杀菌消炎：圆白菜中具有杀菌消炎作用的物质，对咽喉疼痛、胃痛、牙痛等都能有一定的缓解作用。

人群推荐

✔糖尿病患者：圆白菜含糖量较低。

✔孕妇、儿童：圆白菜富含叶酸，孕妇及儿童应多吃。

搭配推荐

● 猪瘦肉 + 圆白菜：有助于恢复肌肤弹性，还可消除疲劳，提高免疫力。

● 海米 + 圆白菜：补肾壮阳。

● 木耳 + 圆白菜：不但营养丰富，还能健脾开胃，增强人体免疫力。

小偏方大功效

● 便秘：圆白菜 200 克，菠萝 150 克，蜂蜜 1 汤匙，榨汁服用。

养生吃法

圆白菜宜选叶脉细的。新鲜的圆白菜，表面干爽，菜叶肉质厚，硬实，用手掂着有分量。不新鲜或开始腐败的圆白菜，表面有褐色或黑色的斑点，近根部的切口发黑，不要再食用。

养生食谱
圆白菜粥

原料：圆白菜 300 克，粳米 100 克。

做法：①圆白菜洗净，切碎；粳米洗净。②将粳米放入锅内，加适量清水，熬煮至五成熟时加入圆白菜，煮至粥熟。

营养功效：缓急止痛，促进溃疡愈合，适用于消化道溃疡。

生菜

性寒　味苦

储存技巧：生菜对乙烯极为敏感，所以储存时要注意远离苹果、梨、香蕉。

生菜又称白苣，可分为球形团叶的包心生菜和叶片皱褶的奶油生菜两种。生菜富含膳食纤维，叶片薄、质细，最适合生食。

主要营养成分（以每100克可食部计）

营养素	胡萝卜素（微克）	钾（毫克）
含量	26	91

养生功效

　　《本草纲目》记载：生菜可壮筋骨，利五脏，开利胸膈，疏通经脉，止脾气，吃了令人精神饱满。能够解热毒、酒毒，止消渴，有利大小肠的作用。

　　生菜富含水分、膳食纤维和维生素 C，可以消除体内多余脂肪。其茎叶中含有莴苣素，具有清热消炎、镇痛催眠、降低胆固醇、辅助治疗神经衰弱等功效。

人群推荐

✔ 肥胖者：生菜热量低，膳食纤维高，有利于减肥。

✘ 脾胃虚寒者：生菜性寒，不适宜脾胃虚寒的人生吃。

✘ 产后妇女：生菜性寒凉，产妇食之，脘腹寒凉，胃肠疼痛。

搭配推荐

● 海带＋生菜：海带中的铁与生菜中的维生素 C 搭配，可促进人体对铁元素的吸收。

● 豆腐＋生菜：搭配食用，是一道高蛋白、低脂肪、低胆固醇、维生素含量高的菜肴。

本草附方

● 治鱼脐疮：用消毒后的针刺破疮头及四周，滴入生菜汁。

养生吃法

　　因为生菜中的维生素 C 在高温下易流失，所以在烹饪时要尽量减少其在火上加工的时间。

养生食谱
奶汁烩生菜

原料：生菜、西蓝花各 100 克，盐、牛奶、高汤、水淀粉各适量。

做法：①生菜、西蓝花洗净，切块。②锅中放油烧热，倒入切好的菜翻炒，加盐、高汤等调味，盛盘。③煮牛奶，加一些高汤，用盐、水淀粉调味，熬成稠汁，浇在菜上。

营养功效：钙含量较高，适合缺钙的人食用。

菠菜

性冷 味甘

菠菜又名波斯草、赤根菜。叶子是绿色的，细腻而柔厚，根呈红色。

养生功效

《本草纲目》记载：菠菜可利五脏，除肠胃热，解酒。疏通血脉，开胸下气，止渴润燥。此外，菠菜含有大量的膳食纤维，具有促进肠道蠕动的作用，能促进胰腺分泌，帮助消化。菠菜中所含的胡萝卜素，能维护视觉细胞的健康。菠菜中所含的微量元素，能促进人体新陈代谢，增进身体健康。

营养成分（以每100克可食部计）

菠菜含丰富的铁元素及维生素C，维生素C能够提高铁的吸收率，对缺铁性贫血有辅助治疗效果。

营养素	含量	营养素	含量
蛋白质（克）	2.6	维生素C（微克）	32.0
脂肪（克）	0.3	钙（毫克）	66
碳水化合物（克）	4.5	钾（毫克）	311
膳食纤维（克）	1.7	钠（毫克）	85.2
维生素A（微克）	243	铁（毫克）	2.9

人群推荐

✔老年人：常食菠菜可降低视网膜退化的风险。

✔便秘者：菠菜能清理人体肠胃的热毒，可防止便秘。

✔糖尿病患者：菠菜叶中含有一种类似胰岛素的物质，利于血糖保持稳定。

搭配推荐

• 鸡蛋＋菠菜：有助于人体达到钙与磷的摄取平衡。

• 鸡血＋菠菜：养肝护肝、净化血液。

• 猪肝＋菠菜：预防和治疗缺铁性贫血。

养生吃法

做菠菜时，先将菠菜用开水烫一下，可除去大部分的草酸，然后再炒、拌或做汤以减小草酸对人体的伤害。菠菜最好带根一起吃。在烹饪过程中，注意不要煮太烂、炒过火，以免营养流失。

菠菜对2型糖尿病患者维持血糖稳定有一定帮助。

养生食谱

1 菠菜猪血汤

原料：猪血 200 克，菠菜 250 克，盐适量。

做法：①猪血洗净，切成小方块；菠菜洗净，切段。②锅中加水烧沸，放入猪血块，烧沸后放入菠菜，煮熟后加盐调味。

营养功效：菠菜猪血汤味美色鲜，具有养血止血、敛阴润燥的功能，尤其适合缺铁性贫血者食用。

2 牛奶炖菠菜

原料：菠菜 200 克，五花肉、洋葱、胡萝卜各 50 克，牛奶、盐、胡椒各适量。

做法：①菠菜洗净，整棵焯过后切碎；五花肉、洋葱、胡萝卜分别洗净，切丁备用。②牛奶倒入锅中烧沸，加入五花肉、洋葱、胡萝卜略煮，放入菠菜，加盐、胡椒调味。

营养功效：此菜含有丰富的维生素 C、胡萝卜素、蛋白质，以及铁、钙、磷等矿物质。

本草附方

● 消渴引饮：取等量菠菜、鸡内金，研末。用米汤送服 1 钱，每日 3 次。

小偏方大功效

● 养血补虚：菠菜、大枣各 50 克，粳米 100 克。菠菜洗净，切小段；粳米、大枣洗净，加水熬成粥食用。

● 清热降脂：菠菜根适量。煎汤常服。

● 便秘：菠菜用沸水焯 3~5 分钟，捞出后以麻油拌食。

● 脱发：菠菜 50 克，黑芝麻适量。炒熟食用。

3 菠菜拌木耳

原料：菠菜 200 克，水发木耳 50 克，姜丝、盐、香油各适量。

做法：①菠菜去叶取根茎洗净，切段；木耳洗净，切丝。②菠菜、木耳焯熟，捞起放凉，将处理好的菠菜茎、木耳装盘，加入姜丝、盐、淋香油拌匀。

营养功效：菠菜含有大量的膳食纤维，具有促进肠道蠕动的作用，利于排便。

芹菜

性平 | 味甘

芹菜是一种含有特殊香味的蔬菜，能增强人们的食欲。芹菜富含膳食纤维，是餐桌上常见的蔬菜种类，可清炒、做馅、凉拌等。

养生功效

《本草纲目》记载：芹菜止血养精，保血脉，益气。捣汁服用可止烦渴，利大小肠。

芹菜含有丰富的膳食纤维，能促进胃肠蠕动，有效防治便秘。芹菜含铁丰富，能补充女性经血的损失，常吃芹菜，还能改善皮肤苍白、干燥、面色无华的状况。经常吃些芹菜，可以中和尿酸及体内的酸性物质，对痛风的防治有一定帮助。

人群推荐

✔便秘者：芹菜含有大量的膳食纤维，可刺激肠道蠕动，促进排便。

✔高血压患者：芹菜有一定的保护血管的作用，对高血压、血管硬化等均有辅助治疗作用。

搭配推荐

• 花生 + 芹菜：有助于降低血压、血脂。

• 核桃 + 芹菜：是高血压、便秘患者的理想食物。

养生吃法

芹菜有很多种，有西芹、本芹等，它们的口味、功效也不尽相同，日常饮食可以根据养生需要进行选择。

西芹：西芹叶柄宽厚，单株叶片数多，重量大，含有矿物质、维生素及丰富的膳食纤维，有镇静、降压、健胃、利尿的功效。

营养成分（以每 100 克可食部计）

芹菜茎中膳食纤维含量较高，芹菜叶中维生素含量较高。

芹菜茎中主要营养素：

营养素	含量	营养素	含量
蛋白质（克）	1.2	钠（毫克）	159.0
碳水化合物（克）	4.5	钾（毫克）	206
膳食纤维（克）	1.2	磷（毫克）	38
维生素A（微克）	28	镁（毫克）	18
钙（毫克）	80		

芹菜叶中主要营养素：

营养素	含量	营养素	含量
蛋白质（克）	2.6	磷（毫克）	64
维生素A（微克）	244.0	钾（毫克）	137
胡萝卜素（微克）	2 930	钠（毫克）	83.0
维生素C（毫克）	22.0	镁（毫克）	58
钙（毫克）	40	铁（毫克）	0.6

本芹：叶柄比西芹细，单株叶片也较少，营养价值与西芹相似，口感上清脆。

西芹   本芹

养生食谱

1 香菇炒芹菜

原料: 水发香菇 100 克,芹菜 250 克,香油、盐、料酒、水淀粉、酱油、葱花、姜末各适量。

做法: ①香菇洗净,切片;芹菜择洗干净,切丝。②油锅烧热,放葱花、姜末炒香,下香菇片、芹菜丝煸炒,烹入料酒,加酱油、盐,用水淀粉勾芡,淋上香油,翻炒均匀。

营养功效: 可平肝清热、益气和血。

2 猕猴桃芹菜汁

原料: 猕猴桃 2 个,芹菜 1 根,蜂蜜适量。

做法: ①猕猴桃洗净,去皮,切成小块;芹菜洗净切小段。②在榨汁机中倒入适量纯净水,然后依次放入猕猴桃、芹菜搅打成汁,最后加蜂蜜调味。

营养功效: 改善便秘。

3 芹菜苹果汁

原料: 胡萝卜 1 根,苹果 1 个,芹菜 1 棵。

做法: ①胡萝卜洗净,去皮,切成小块;苹果洗净,去皮与核,切成小块;芹菜洗净,切小段。②将所有材料一起放入榨汁机中,加过量纯净水,搅打成果汁饮用。

营养功效: 增进食欲、消脂瘦身、降压。

本草附方

● 小儿吐泻:芹菜切细,煮汁饮用。

小偏方大功效

● 糖尿病:芹菜 500 克,洗净捣汁,每日分 3 次服,连服数日。

● 产后腹痛:芹菜 60 克,水煎,加红糖和米酒适量调匀,空腹徐徐饮服。

● 高血压、动脉硬化:芹菜 500 克,苦瓜 90 克,用水煎服。

● 活血养血:准备芹菜 300 克,大枣 50 克,月季花 10 克,冰糖适量,将前三味洗净共煎成汤,加冰糖饮用。

芹菜猕猴桃汁不仅酸甜可口,而且富含维生素C,还具有降压安神、补血利尿的作用。

空心菜

性平　味甘

空心菜又称蕹菜、通心菜、空筒菜，因茎梗中空而得名。空心菜富含膳食纤维，可代谢胆固醇，促进胃肠蠕动，有降脂减肥、杀菌消炎的功效，经常食用对肠道有益。

主要营养成分（以每 100 克可食部计）

营养素	维生素 A（微克）	钙（毫克）	钾（毫克）
含量	143	115	304

养生功效

《本草纲目》记载，空心菜可解胡蔓草毒，可煮食，也可捣碎生食服用。空心菜捣汁和酒服可以治疗难产。

另外，空心菜对预防肠道内的菌群失调，对防癌、调节胃肠功能有益。空心菜中的叶绿素，可洁齿防龋，润泽皮肤。

人群推荐

✔ 便秘者：空心菜能润肠、通便。

✔ 高血压患者：多吃可降血压。

✘ 体质虚弱、脾胃虚寒、腹泻者：空心菜滑利，故不宜多食。

搭配推荐

• 红辣椒 + 空心菜：富含维生素和矿物质，可降压、解毒、消肿。

• 鸡爪 + 空心菜：有滋润肌肤、润肠通便的功效。

• 鸡肉 + 空心菜：降低胆固醇的吸收，适合高脂血症患者食用。

• 鸡蛋 + 空心菜：延缓衰老。

养生食谱

凉拌空心菜

原料：空心菜 300 克，蒜末、白糖、盐、香油各适量。

做法：①空心菜洗净，切成段，略焯后捞出沥干。②将蒜末、白糖、盐和适量清水调匀后，浇入热香油，将调味汁和空心菜拌匀。

营养功效：此菜能清热解毒，适宜夏天吃；空心菜膳食纤维丰富，促进肠蠕动、通便排毒。

烹饪小技巧

烹饪空心菜要注意火候

加热时间不恰当，会使空心菜颜色变差，营养受损。最好把茎和嫩叶分开吃，嫩叶适合急火快炒和凉拌，茎可以切成小段，小火慢炒。

性平　味甘

百合

适合秋季食用：百合药食兼优，四季皆可食用，以秋季食用为佳。

百合又名山丹、倒仙，属百合科多年生草本球根植物。百合具有养阴润肺，清心安神之功效。常用于阴虚燥咳、劳嗽咯血、虚烦惊悸、失眠多梦、精神恍惚等。

主要营养成分（以每100克可食部计）

营养素	碳水化合物（克）	蛋白质（克）	钾（毫克）
含量	38.8	3.2	510

养生功效

《本草纲目》记载：百合可利大小便，补中益气。除浮肿、全身疼痛，止涕泪，还可安心，定神，益志，养五脏。另外，百合还能提高机体的体液免疫能力，对多种癌症有一定的预防效果。

人群推荐

✔热型胃痛者：百合有辅助治疗热型胃痛的功效。

✔体弱者：百合有良好的营养滋补功效。

搭配推荐

● 粳米＋百合：二者同煮粥对中老年人及病后身体虚弱又心烦失眠、低热易怒者尤为适宜。此外，还有祛暑止咳的作用。

● 莲子＋百合：二者同食，可治疗心烦失眠等症。

本草附方

● 肺病吐血：新鲜百合捣成汁，煮食。

小偏方大功效

● 老年慢性支气管炎伴有肺气肿：新鲜百合2个，洗净捣汁，以温开水日服2次。

● 肺脓肿：百合30克，捣研榨汁，白酒适量，以温开水饮服。

● 滋阴润肺：准备百合、银耳、白糖各适量，加清水同煮服用。

养生食谱
西芹炒百合

原料：百合50克，西芹300克，葱段、盐、水淀粉各适量。

做法：①百合洗净，撕片；西芹洗净，切段，用沸水焯一下。②锅中放油烧热后，加入葱段炝锅，然后放入西芹和百合混合炒熟，加盐调味，加水淀粉勾薄芡。

营养功效：养阴润肺、清心安神。

白萝卜

性温　味辛、甘

萝卜也称莱菔，种植已有千年历史，在饮食和中医食疗领域都有广泛应用。其入肺经，具有下气、消食、除疾润肺、解毒生津、利尿通便的功效。

养生功效

《本草纲目》记载：白萝卜消谷和中，能止消渴，令人白净肌细。但多吃萝卜易动气，导致腹胀，吃一些生姜可缓解不适。

白萝卜含有多种人体必需的维生素、矿物质，比如钙、锰、硼、维生素 C 等；以及各种酶类物质，这些成分对增强人体的新陈代谢十分有利。

人群推荐

✔肺热患者：白萝卜有宽胸舒膈、除痰止咳、润燥生津的作用。

✔食欲不振者：白萝卜中含芥子油、淀粉酶和膳食纤维等成分，能刺激胃肠蠕动，促进食物的消化吸收、增强人的食欲。

搭配推荐

• 姜＋白萝卜：白萝卜多食易产气，生姜能缓解胀气。

• 羊肉＋白萝卜：能清痰止咳，温中益气。

• 梨＋白萝卜：能润肺化痰，凉心去燥。

养生吃法

白萝卜可生食，调成凉菜；也可炒食或煲汤。白萝卜含糖多，质地脆，做凉拌菜口感好。另外，将白萝卜切成片或丝，加糖凉拌或热炒，能起到降气、化痰、平喘的作用。

营养成分（以每 100 克可食部计）

白萝卜中含有的维生素 C 可以防止体内有害物质侵害体内动脉血管细胞，有助于降低血压。

营养素	含量	营养素	含量
蛋白质（克）	0.7	磷（毫克）	16
脂肪（克）	0.1	钾（毫克）	167
碳水化合物（克）	4	钠（毫克）	54.3
叶酸（微克）	27	镁（毫克）	2
维生素 B$_3$（毫克）	0.14	铁（毫克）	0.2
维生素 C（毫克）	19.0	锌（毫克）	0.14
钙（毫克）	47	硒（微克）	0.12

养生食谱

❶ 白萝卜凉拌海蜇皮

原料：海蜇皮 100 克，白萝卜 250 克，白糖、盐、姜末、香油各适量。

做法：①海蜇皮泡透，洗净，沥水片刻，切丝；白萝卜洗净，去皮，切丝。②白萝卜丝中加盐拌透，加海蜇皮继续拌，再加白糖调味。③淋上香油，撒上姜末。

营养功效：降低血脂，降压瘦身。

本草附方

● 肺痿咯血：白萝卜与羊肉同煮食用。

● 小便白浊：生白萝卜挖空留盖，填入吴茱萸，盖好后用竹签固定，放在糯米上蒸熟。取出吴茱萸，把蒸好的白萝卜烤干、研末，做成梧子①大小的丸子。每次用盐汤送服50枚，每日3次。

● 反胃噎疾：用蜂蜜浸泡萝卜，上火煎烤，细细嚼咽服用。

● 失音不语：生萝卜捣汁，加入姜汁同服。

注①：梧子大小指的是直径6~9毫米的圆球。

② 白萝卜炒牛肉丝

原料： 牛肉100克，白萝卜200克，淀粉、生抽、蚝油、白胡椒粉、盐、葱花各适量。

做法： ①牛肉、白萝卜分别洗净，切丝。②牛肉加入淀粉、生抽、蚝油抓匀；锅里放油，下白萝卜丝翻炒，加入白胡椒粉和盐，待炒软后盛出。炒锅中放油，牛肉丝大火划散，加入开水翻炒均匀，盛出浇于白萝卜丝上，点缀上葱花。

营养功效： 增进食欲，提高免疫力。

③ 海带白萝卜汤

原料： 海带20克，白萝卜150克，盐适量。

做法： ①海带、白萝卜分别洗净，切丝。②海带丝放入锅中，加水，大火煮沸，再将白萝卜丝倒入锅中，小火煨炖，加盐调味，煮至熟烂。

营养功效： 清热生津，益脾和胃。

韭菜

性温　味辛、微酸

韭菜又称壮阳草、洗肠草，叶呈细条状，茎绿中带白，吃起来有独特的辛辣味，可炒食、做馅或调味。韭菜对高血压、冠心病、高血脂等有一定功效。

主要营养成分（以每 100 克可食部计）

营养素	维生素 A（微克）	蛋白质（克）	钾（毫克）
含量	235	2.4	241

养生功效

《本草纲目》记载：韭菜可安抚五脏，除胃中烦热，对患者有益，可以长期吃。另有归肾壮阳，止泄精，治妇女月经失调的功效。韭菜富含膳食纤维，可促进胃肠蠕动，预防便秘；韭菜还含有丰富的维生素 A、B 族维生素、维生素 E；还含有大蒜素，能提高维生素 B_1 在肠内的吸收利用率，而且还具有强抗菌性。

人群推荐

✔便秘者：韭菜内含膳食纤维多，能促进肠道蠕动，保持大便畅通。

✔寒性体质者：健胃暖中、温肾助阳、散瘀活血。

✔男子阳痿、女子痛经者：韭菜有止痛、壮阳的功效。

✘阴虚火旺者：韭菜不易消化且容易上火。

搭配推荐

• 豆芽＋韭菜：能补虚，还可通肠利便，达到减肥功效。

• 虾＋韭菜：能起到健胃补虚、益精壮阳的作用。

本草附方

• 产后呕水：产后因怒哭伤肝，呕青绿水，用韭叶 1 斤[①]取汁，加入少许姜汁饮用。

注①：古代重量单位，明代 1 斤约为 597 克。

小偏方大功效

• 慢性便秘：韭菜叶捣汁一杯，用温开水加少量酒冲服。

养生食谱
韭菜炒虾仁

原料：韭菜 200 克，虾仁 50 克，盐适量。

做法：①虾仁洗净，沥干水分；韭菜洗净，切成段。②锅中加油烧热后，放入虾仁煸炒 2 分钟，放入韭菜，大火翻炒至熟烂，出锅前加盐炒匀。

营养功效：虾仁蛋白质含量高、脂肪含量低，还含有丰富的卵磷脂；韭菜暖肾脏、补气血。

豇豆

性平 味甘、咸

豇豆可化湿补脾：豇豆有化湿补脾的作用，对动脉硬化、高血压、水肿等都有较好的辅助治疗效果。

豇豆又称角豆、长豆等，是夏天盛产的蔬菜，颜色有深绿、淡绿、红紫等色，豆荚饱满、种子稍显露时即可采摘食用，可炒食，也可凉拌或腌制。

主要营养成分（以每100克可食部计）

营养素	碳水化合物（克）	蛋白质（克）	维生素C（毫克）
含量	5.8	2.7	18.0

养生功效

《本草纲目》记载：豇豆可理中益气，补肾健胃，和五脏，调营卫，生精髓，止消渴，治呕吐、痢疾，止尿频，可解鼠蛇之毒。

豇豆含有易于消化吸收的优质蛋白质，适量的碳水化合物及多种维生素、微量元素，可补充机体所需的多种营养素。豇豆中的维生素C能促进抗体的合成，可以提高机体抗病毒能力；豇豆中的磷脂还能促进胰岛素分泌，有益于糖尿病患者。

人群推荐

✔糖尿病患者：豇豆中的磷脂可促进胰岛素分泌，调节糖代谢。

✘气滞便结者：豇豆多食易腹胀。

搭配推荐

• 大蒜＋豇豆：帮助消化、增进食欲，有杀菌消毒的作用。

• 猪肉＋豇豆：可健脾补肾、生精养血，适用于腰膝酸软、失眠多梦、遗精、白带过多等症。

• 空心菜＋豇豆：有健脾利湿的作用。

小偏方大功效

• 盗汗：豇豆20克，冰糖10克，水煎服。
• 小便不通：豇豆40克，水煎服。

养生食谱
姜汁豇豆

原料：豇豆300克，姜末、醋、盐、酱油、香油各适量。

做法：①豇豆洗净，切段，放入沸水锅焯至熟时捞起，放凉。②姜末和醋调成姜汁，加盐、香油、酱油，拌匀后装盘。

营养功效：健脾开胃，降糖利尿，适合夏季养生。

豇豆的挑选与储存

挑选：优选豆粒数量多、排列稠密、粗细均匀、色泽鲜艳、有光泽的豇豆。

储存：最好趁新鲜食用，如果要保存，放入冰箱冷藏。豇豆储存应注意维持高湿度，否则将因失水过多而干瘪。

茄子

性寒　味甘

茄子是餐桌上常见的蔬菜,有紫色、紫黑色、淡绿色或白色,形状有圆形、椭圆形、梨形等多种形状,茄子品种多样,可炒、炖,也可蒸熟后用蒜泥凉拌,风味独特。

养生功效

《本草纲目》记载:茄子可治疗寒热,五脏劳损。可散血止痛,消肿宽肠。

茄子可清热止血、消肿止痛,对皮肤溃疡、口舌生疮、便血等有疗效。茄子皮中含有丰富的维生素P,可增强人体细胞的黏着力,增强毛细血管的弹性,对高血压、动脉硬化等症有一定辅助治疗效果。此外,茄子还有防治坏血病及促进伤口愈合的功效。

人群推荐

✔出血性疾病患者:茄子皮中富含维生素P,可改善毛细血管脆性,防止小血管出血。

✔高胆固醇血症患者:茄子有降低胆固醇的功效。

✔癌症患者:茄子皮中含有龙葵素,它能抑制消化道肿瘤细胞的增殖,能辅助治疗胃癌、直肠癌。

✘体质虚冷、慢性腹泻者不宜多食:茄子性寒,常搭配温热的葱、生姜、蒜等食用。

营养成分（以每 100 克可食部计）

茄子维生素含量丰富,具有抗衰老的作用。

营养素	含量	营养素	含量
蛋白质（克）	1.1	维生素 C（毫克）	5.0
碳水化合物（克）	4.9	钙（毫克）	24
膳食纤维（克）	1.3	磷（毫克）	23
维生素 A（微克）	4	钾（毫克）	142

搭配推荐

● 草鱼 + 茄子:温中补虚、利湿、暖胃、平肝、祛风。

● 辣椒 + 茄子:有抗压、美白功效。

● 黄豆 + 茄子:润燥消肿,平衡营养。

● 肉 + 茄子:维持血压,加强血管抵抗力。

● 苦瓜 + 茄子:预防血管破裂、平血压、止咳血。

养生吃法

做茄子时只要不用大火油炸,降低烹调温度,减少吸油量,就可以有效地保持茄子的营养保健价值。另外,加入醋和西红柿,有利于保持其中的维生素C和多酚类。烹制茄子时,最好不要去皮,因为茄子皮中含有丰富的B族维生素、维生素P。

茄子宜选花蒂有刺扎手、不烂不伤、表皮无皱缩的。

养生食谱

① 油烹茄条

原料: 茄子 300 克,鸡蛋 1 个,水淀粉、盐、酱油、葱花、胡萝卜丝、白糖各适量。

做法: ①茄子去蒂,洗净,切条,用鸡蛋和水淀粉挂糊抓匀;酱油、盐、白糖兑成芡汁。②油锅烧热,放入茄条炒至金黄。③另起锅,爆香葱花、胡萝卜丝,放入茄条与芡汁,翻炒几下。

营养功效: 补充维生素 P,保护血管壁。

② 肉末烧茄子

原料: 茄子 400 克,肉末 100 克,葱、姜、酱油、白糖、料酒、番茄酱、盐各适量。

做法: ①茄子洗净,切成片;葱、姜洗净,切末。②油锅烧热,放入肉末煸炒变色。③锅烧热放油,待油热时放入茄子,煸炒至茄子变软时放入肉末、酱油、葱末、姜末、料酒、白糖和番茄酱,盖上锅盖焖烧,调入适量盐炒匀,点缀葱末。

营养功效: 可和胃健脾、延缓衰老。

③ 茄子丝瓜炒瘦肉

原料: 茄子 300 克,丝瓜 100 克,猪瘦肉 50 克,盐适量。

做法: ①茄子洗净,切片;丝瓜洗净,去皮,去瓤,切丝;猪瘦肉洗净,切丝。②锅中放油烧至七成热后,放入肉丝煸炒,加入茄子、丝瓜,翻炒至熟,调入盐。

营养功效: 茄子清热解暑,丝瓜清凉活血,此菜清热泻火、止痒。

本草附方

● 咽喉肿痛:将茄子做成糟茄或酱茄,细嚼后咽汁。

● 女性乳头燥裂:取秋季裂开的茄子,阴干烧成灰后研成末,调水涂抹。

● 尿血:将茄叶熏干研为末,每次服 2 钱,温酒或盐汤送下。

肉末烧茄子对于一般人群都适宜,并且还有抗衰老的功能。

土豆

性寒 味甘、辛

土豆又称马铃薯、土芋，呈圆形、卵形、椭圆形，含有丰富的淀粉，常用来炒、炖、涮火锅，也可烤食或蒸食。

养生功效

《本草纲目》记载：土豆煮熟后食用可以养人肠胃，治风热引起的咳嗽。

人群推荐

✔女性：土豆是理想的减肥食物，坚持替代部分主食食用可保持身材。

✔老人：多食土豆可以祛病延年、润肠通便。

✘哮喘病患者：土豆易致腹胀，上顶及胸腔，加重哮喘。

搭配推荐

● 醋＋土豆：土豆含有微量有毒物质龙葵素，加醋可分解有毒物质。

营养成分（以每 100 克可食部计）

土豆是理想的减肥食材，其富含膳食纤维，能增强人体的饱腹感，有利于控制饮食量。

营养素	含量	营养素	含量
蛋白质（克）	2.6	维生素C（毫克）	14.0
脂肪（克）	0.2	钙（毫克）	7
碳水化合物（克）	17.8	磷（毫克）	46
膳食纤维（克）	1.1	钾（毫克）	347
维生素A（微克）	1	钠（毫克）	5.9

养生吃法

切好的土豆可以暂时放清水中，防止变成褐色，但因为土豆中的许多营养素易溶于水，所以去皮后要注意不要泡得太久，以免水溶性维生素等营养成分大量流失。

养生食谱

土豆是高钾低钠食物，很适合水肿型肥胖者食用。

❶ 西红柿土豆排骨汤

原料： 西红柿 2 个，土豆 300 克，排骨 500 克，姜丝、葱花、陈皮、盐各适量。

做法： ①西红柿、土豆去皮，洗净，切块；排骨洗净切块，汆去血水，放在高压锅中炖 20 分钟。②油锅烧热，放姜丝、葱花、土豆、西红柿、陈皮略煸炒，加入炖好的排骨及排骨汤，加盐调味，再次烧沸。

营养功效： 可补血补虚、健脾利湿、益气强身。

椒荷烧土豆这道菜色泽鲜艳、美味可口、清淡易消化，非常适合小朋友吃。

小偏方大功效

● **胃痛**：土豆1个，姜适量。榨汁，内服。

● **便秘**：土豆1个洗净榨汁，加入适量白糖，每日早午饭前服用，连服2周。

● **益气健脾**：土豆100克洗净，去皮，姜8克洗净，橘子肉15克共榨汁，去渣饮用。

● **清热养血**：土豆150克洗净，去皮，再加入樱桃、苹果各50克共同打汁饮用。

---

② 椒荷烧土豆

原料：土豆300克，红辣椒2个，荷兰豆100克，盐、白糖、淀粉各适量。

做法：①土豆洗净，去皮，切粗条，裹淀粉炸至金黄，沥油。②红辣椒洗净，切条；荷兰豆去筋，切段。③油锅烧热，放入红辣椒条、荷兰豆炒至八成熟，加土豆、盐、白糖翻炒至食材全熟。

营养功效：清肠通便、减肥美容。

③ 洋葱土豆汤

原料：土豆300克，洋葱80克，姜丝、胡椒粉、盐各适量。

做法：①土豆洗净，去皮，切丁；洋葱洗净，切丝。②锅中放油烧热后，爆香姜丝，再下洋葱炒香，铲起。③锅内加适量清水烧沸，加入土豆、洋葱，小火煮开，加胡椒粉及盐调味。

营养功效：有清肠杀菌、降糖降脂的作用。

胡萝卜

{性微温}

味甘、辛

> 油炒更易吸收：胡萝卜中的主要营养成分 β - 胡萝卜素只有溶解在油脂中时，人体才能吸收。

胡萝卜又称甘荀，有红色、黄色之分，味道与萝卜很像，但带点蒿气，可生吃、凉拌或用来炒肉，也常常被用作装饰配菜。

主要营养成分（以每100克可食部计）

营养素	碳水化合物（克）	胡萝卜素（微克）
含量	8.8	4 130

养生功效

《本草纲目》记载：胡萝卜可下气补中，利胸膈和肠胃，安五脏，增强食欲，对人体健康有益。

人群推荐

✔ 女性：胡萝卜可以滋润皮肤，消除色素沉着，减少脸部皱纹，还可以滋养头发。

✔ 糖尿病患者：胡萝卜中含有一种能降低血糖的成分，是糖尿病患者的佳蔬。

✔ 癌症患者：胡萝卜中的胡萝卜素和木质素，具有防治癌症的功效。

搭配推荐

● 黄豆 + 胡萝卜：有利于骨骼发育。

小偏方大功效

● 发热：胡萝卜200克，冰糖适量。加水煎汤。每日2次。

● 肝炎：胡萝卜200克，香菜适量。加水煎汤。每日2次。

● 百日咳：胡萝卜500克，挤汁，加适量冰糖煮开。温服，每日2次。

● 小儿营养不良：胡萝卜1根。饭后食用，连服数日。

● 健脾消食：胡萝卜250克，切片，加少许盐，用水煮烂，去渣取汁服。每日3次。

● 降气止咳：胡萝卜120克，大枣10个，以清水3碗煎汤1碗。分3次服用。

养生食谱
猪骨萝卜汤

原料：猪棒骨或猪腔骨400克，白萝卜、胡萝卜各200克，陈皮、大枣、盐各适量。

做法：①猪棒骨或猪腔骨洗净，用沸水汆过；白萝卜、胡萝卜洗净，去皮，切块；陈皮、大枣洗净。②锅内放适量清水，待水烧沸时，放入全部食材同煮3小时，用盐调味。

营养功效：促进消化，健脾消滞，润燥明目。

芋头

性平　　味辛

芋头又名土芝。营养成分与土豆类似，但不含龙葵素，因其淀粉含量较高，故大量食用会增加胃肠负担。芋头可蒸、煮、烤、烧、炒，口感细软，绵甜香糯。

主要营养成分（以每 100 克可食部计）

营养素	碳水化合物(克)	蛋白质(克)	脂肪(克)
含量	12.7	1.3	0.2

养生功效

《本草纲目》记载：芋头可宽肠胃，养肌肤，滑中。宽肠通便，益胃健脾，解毒化痰，主治肿块、皮下结块、便秘等。

人群推荐

✔产妇：经常食用芋头能消瘀血。

✔老人：常吃芋头，能缓解老年人习惯性便秘。

✘ 易腹胀人群：芋头含有较多淀粉，吃多易产气，因此不宜多食芋头。

搭配推荐

• 粳米 + 芋头：可宽肠胃，促消化，使人精力充沛。

• 猪排 + 芋头：二者同食能促进营养物质的吸收和胆固醇的分解。

小偏方大功效

• 大便干结：芋头 250 克，粳米适量。煮粥食用。

• 慢性肾炎：芋头 1 000 克。切片煅烧成灰后，研末，加适量红糖和匀。每日 3 剂，每剂 50 克。

• 化痰散结：芋头适量。切片晒干，研细末，用海蜇、荸荠煎汤服用。

• 调中补虚：芋头 250 克，鲫鱼 500 克，加清水同煮至烂熟，放胡椒、盐调味。

养生食谱
紫菜芋头粥

原料：紫菜 15 克，银鱼 30 克，熟芋头 100 克，粳米 50 克。

做法：①紫菜洗净，撕成丝；银鱼洗净，切碎，用热水氽熟；熟芋头去皮，压成芋头泥。②粳米洗净，放入锅中加适量清水，熬煮至黏稠，出锅前加入紫菜丝、银鱼、芋头泥，略煮。

营养功效：维持机体酸碱平衡，促进发育。

山药

性温、平　　味甘

山药又称薯蓣，品种众多，是餐桌上常见的养生佳品。山药营养丰富，既可以作主食，又可作蔬菜，有养气补虚之功效。

养生功效

《本草纲目》中记载：山药久食，令人耳聪目明，轻身不饥，延年益寿。山药有滋阴补阳、增强新陈代谢的功效，还能辅助治疗脾虚食少、久泻不止、肺虚喘咳、肾虚遗精、尿频。

人群推荐

✔ 减肥者：山药含有多糖蛋白成分的黏液质、消化酵素，可预防心血管脂肪沉积，有助于胃肠的消化和吸收。

✘ 便秘者：山药具有收涩作用，便秘者不宜食。

搭配推荐

• 苦瓜 + 山药：二者搭配食用，有减肥、降血糖的功效。

• 鸭肉 + 山药：可消除油腻，滋阴补肺。

同一种山药，须毛越多越好，说明内含山药多糖更多，营养也更丰富。

营养成分（以每 100 克可食部计）

山药中含有丰富的黏蛋白、淀粉酶、游离氨基酸等物质，具有滋补作用，为病后康复食补的佳品。

营养素	含量	营养素	含量
蛋白质（克）	1.9	磷（毫克）	34
碳水化合物（克）	12.4	钾（毫克）	213
膳食纤维（克）	0.8	钠（毫克）	18.6
钙（毫克）	16	镁（毫克）	20

养生吃法

山药有健脾养胃、厚肠的功效，能够增强胃肠的活力，促进消化吸收，同时能缓解腹泻，尤其是慢性腹泻。山药有收敛作用，慢性腹泻者，每天坚持吃 1 根蒸山药，或者喝 1 碗山药粥，胃会感觉很舒服，腹泻也会有所改善。

养生食谱

❶ 菠菜山药汤

原料： 山药、菠菜各 100 克，姜片、葱段、盐各适量。

做法： ①山药去皮，洗净，切块；菠菜洗净，切段。②将山药、姜片一起放入锅中，加清水煲 20 分钟后放入菠菜、葱段，加盐调味。

营养功效： 菠菜山药汤有清热、利尿的作用，也能帮助治疗痔疮。

西红柿炒山药含有许多微量元素和丰富的膳食纤维，能调节机体代谢，适宜减肥人群食用。

用食物养身体

本草附方

● 治痰气喘急，呼吸不畅：用生山药半碗，捣烂，加甘蔗汁半碗和匀煮沸，趁热饮用。

小偏方大功效

● 肺病发热咳喘：山药 1 根。用水煎服。

● 慢性胃炎：山药 1 根，牛奶、面粉糊各适量。煮粥服用。

● 补脾胃、安心神：山药 25 克，小麦、糯米各 50 克，白糖适量。将山药、小麦、糯米加适量白糖同煮为稀粥。每日早晚分 2 次服食。

❷ 西红柿炒山药

原料：山药 200 克，西红柿 2 个，葱花、盐各适量。

做法：①山药去皮，洗净，切片；西红柿洗净，切块。②锅中放油烧热后，放入葱花爆香，将西红柿块倒入锅内煸炒，加入山药片煸炒几下。③加水，盖上锅盖稍煮片刻，开锅后加盐调味，也可点缀些葱花。

营养功效：生津益肺、补脾养胃。

❸ 山药香菇鸡

原料：胡萝卜、山药各 1 根，鸡腿 1 个，香菇 1 朵，料酒、酱油、盐各适量。

做法：①山药去皮，洗净，切片；胡萝卜洗净，切小块；香菇洗净，去蒂；鸡腿洗净，剁成小块，汆烫后冲净。②鸡腿放锅内，加入香菇、料酒、酱油、盐和清水，同煮。③开后改小火，加入胡萝卜、山药至煮熟，收干汤汁。

营养功效：补铁、补血。

黄瓜

性寒 味甘

黄瓜又称胡瓜、青瓜，颜色翠绿，吃起来脆爽可口、甘甜多汁，是餐桌上的常见蔬菜，可生食、凉拌、炒食、煲汤。

养生功效

《本草纲目》记载：黄瓜能清热解渴，利水道。但不能经常吃，否则动寒热，损阴血，发疮疥、脚气和虚肿百病。

黄瓜中含有的葫芦素 C 具有提高人体免疫力的作用。黄瓜中所含的丙醇二酸，可抑制碳水化合物转变为脂肪，能够减肥消脂。黄瓜汁可以用来清洁和保养皮肤，预防皮肤色素沉着。黄瓜中的黄瓜酶有很强的生物活性，能促进机体代谢，有润肤、祛皱、美容的效果。

人群推荐

✔爱美人士：黄瓜汁有润肤祛皱的功效。

✔肝脏病患者：黄瓜含有精氨酸，对肝病康复有益处。

✘中寒吐泻及病后体弱者：禁服。

营养成分（以每 100 克可食部计）

黄瓜水分多，含有一定的维生素和人体生长发育必需的多糖和氨基酸。

营养素	含量	营养素	含量
蛋白质（克）	0.8	维生素 C（毫克）	9.0
碳水化合物（克）	2.9	钙（毫克）	24
膳食纤维（克）	0.5	磷（毫克）	24
维生素 A（微克）	8	钾（毫克）	102

搭配推荐

● 黄花菜 + 黄瓜：二者含有丰富的维生素和膳食纤维，可补虚养血、利湿消肿。

● 木耳 + 黄瓜：有助于减肥。

● 乌鱼 + 黄瓜：清热利尿，健脾益气，健身美容。

养生食谱

1 银耳拌黄瓜

原料：黄瓜 400 克，水发银耳 150 克，白糖、盐、酱油、醋各适量。

做法：①黄瓜洗净，切片，撒上盐腌 10 分钟，挤去水分；银耳在沸水中略焯后捞出；酱油、醋、白糖混合后调汁。②在黄瓜、银耳中放入调好的汁液，拌匀。

营养功效：清热利水、解毒消肿、生津止渴，适合夏天食用。

2 姜汁黄瓜

原料：黄瓜 350 克，姜末、酱油、醋、香油、盐各适量。

做法：①黄瓜洗净，切成条状，用盐腌渍入味。②将黄瓜、姜末放入盘内，加入酱油、醋、盐、香油调匀。

营养功效：此菜能和胃消食，有助于消水肿、减肥。

苹果黄瓜汁能改善便秘、补充维生素，但性寒，不适宜脾胃虚寒的人群食用。

本草附方
- 治小儿热痢：嫩黄瓜与蜜一同吃，有良效。
- 治四肢水肿：将一个黄瓜破开，醋煮一半，水煎一半，至烂，合并一处，空腹食用。

小偏方大功效
- 肥胖：黄瓜皮 20 克，茶叶、大蒜各适量。用清水煎汤。
- 痱子：黄瓜去皮切片，外擦患处。

③ 苹果黄瓜汁

原料：苹果 1 个，黄瓜 1 根，柠檬汁、蜂蜜各适量。

做法：①苹果洗净，去核，切成小块；黄瓜洗净，切小块。②将苹果和黄瓜放入榨汁机中，倒入适量凉开水榨汁。③加适量柠檬汁和蜂蜜调味。

营养功效：对酒精性肝硬化有一定疗效。

④ 黄瓜炒虾仁

原料：黄瓜 1 根，虾 5~8 只，姜片、盐各适量。

做法：①黄瓜洗净，切片；将姜片放入温水中浸泡 10 分钟，捞出姜片，挤出姜汁。②虾去壳，挑出虾线，洗净。③锅中倒少许油烧热，滑入虾仁翻炒 30 秒，倒入姜汁，翻炒至虾仁熟透，放入黄瓜片翻炒两下，调入盐。

营养功效：此菜热量不高，适宜减肥人士食用。

冬瓜

{性微寒} 味甘

冬瓜又称白瓜，冬瓜熟后，表面会蒙上一层白粉状的东西。冬瓜肉质脆嫩，质地清凉可口，水分多，味清淡，可炒食、煲汤。

养生功效

《本草纲目》记载：冬瓜可治疗小腹水胀，利小便，止渴。能益气耐老，除心胸胀满，利大小肠。捣成汁服，可以治疗消渴烦闷，解毒。冬瓜还可抗衰老，久食可使皮肤洁白如玉，润泽光滑。

人群推荐

✔肥胖者：冬瓜可以促使体内糖类转化为热量。

✔女性：常食冬瓜可保持皮肤白皙。

✘脾胃虚弱者：冬瓜性寒凉，不宜食。

搭配推荐

• 白菜 + 冬瓜：二者同食能清热解毒、减肥润燥。

• 海带 + 冬瓜：可清热利尿、降脂降压。

营养成分（以每 100 克可食部计）

冬瓜中的脂肪和碳水化合物含量少，故热量低，属于清淡性食物。

营养素	含量	营养素	含量
蛋白质（克）	0.3	维生素 C（毫克）	16.0
脂肪（克）	0.2	钙（毫克）	12
碳水化合物（克）	2.4	磷（毫克）	11
镁（毫克）	10	钾（毫克）	57
钠（毫克）	2.8		

养生吃法

冬瓜皮治疗水肿功效明显，可用来做汤、泡水饮用。冬瓜煮汤最好不去子，可以清热去痰。冬瓜如果买回来以后不马上烹调，用保鲜膜或塑料袋包裹，再放进冰箱，可保存 1 周，避免营养大量流失。

养生食谱

① 冬瓜菠菜羹

原料：冬瓜 300 克，菠菜 200 克，羊肉 50 克，姜片、葱花、高汤、盐、酱油、水淀粉各适量。

做法：①冬瓜去皮、瓤，洗净，切块；菠菜择好洗净，切段；羊肉洗净，切薄片。②油锅烧热，放羊肉片、葱花、姜片、菠菜段、冬瓜块，翻炒片刻，加高汤烧沸，加入盐、酱油、水淀粉调匀。

营养功效：利水消肿、塑身美容。

冬瓜含糖量非常低，还能抑制糖类物质转化为脂肪，适合减肥人士食用。

冬瓜含有丰富的维生素C和钾盐，能利水消肿；虾仁富含优质蛋白质和钙。

用食物养身体

本草附方

● 治水肿烦渴，小便少者：取适量冬瓜瓤，水煎后服用。

● 治腰损伤痛：将冬瓜皮烧成灰后研末，用酒服1钱。

● 小儿渴利：饮冬瓜汁。

● 服食法：取冬瓜仁7升，用纱布袋装好，放入沸水中，片刻后取出晾干，重复水煮、晾干3次后，用醋浸泡一晚，晾干研末，每天服1方寸匕，能令人延年。

❷ 虾肉冬茸汤

原料： 虾肉200克，冬瓜300克，鸡蛋2个，姜片、盐、白糖、料酒、香油各适量。

做法： ①虾肉洗净，氽熟；冬瓜洗净，去皮，切小块；鸡蛋取蛋清。②锅中注入清水，加入姜片、冬瓜煲15分钟，放虾肉，加盐、白糖、料酒、香油调味，蛋清拌匀淋入锅中煮熟。

营养功效： 虾肉冬茸汤有补中益气的功效。

❸ 冬瓜炒蒜苗

原料： 冬瓜400克，蒜苗150克，盐、水淀粉各适量。

做法： ①蒜苗洗净，切成段；冬瓜去皮、瓤，洗净，切成块。②锅中放油烧至六成热后，加蒜苗略炒，再放冬瓜块，待炒熟后，加盐，用水淀粉勾芡，起锅装盘。

营养功效： 止咳化痰。

南瓜

{性温} 味甘

南瓜又称倭瓜、饭瓜，是葫芦科植物。通常体型较大，外皮较硬。成熟的南瓜可以切块煮或蒸，也可捣成南瓜泥做甜点。嫩南瓜可以切开炒食，荤素皆宜，也可做汤、炖菜或制馅。

养生功效

《本草纲目》记载：南瓜可补中益气，但多食易发脚气、黄疸。

南瓜含有丰富的维生素和果胶，有利于体内毒素的排出。南瓜中的钴可促进人体新陈代谢和造血功能。南瓜中所含的南瓜多糖具有降血糖及降血脂的功效，适合三高人群食用。

人群推荐

✔胃病患者：南瓜能保护胃黏膜，帮助消化。

✔糖尿病患者：南瓜能防治糖尿病、降低血糖。

✘气滞腹胀、腹痛者：忌食南瓜，否则易胸闷腹胀。

搭配推荐

• 虾皮＋南瓜：二者同食，有护肝补肾强体的功效。

• 西红柿＋南瓜：可清胃肠、降胃火、润肠燥。

养生吃法

因为南瓜瓤中含有丰富的类胡萝卜素，对延缓衰老、美容排毒十分有益，所以食用南瓜时最好连瓤一起食用，瓤做菜不成形，可以一起榨汁，不影响口感。

营养成分（以每100克可食部计）

南瓜含有丰富的类胡萝卜素，对保护视力有很大帮助。

营养素	含量	营养素	含量
蛋白质（克）	0.7	维生素E（毫克）	0.36
脂肪（克）	0.1	钙（毫克）	16
碳水化合物（克）	5.3	磷（毫克）	24
膳食纤维（克）	0.8	钾（毫克）	145
维生素A（微克）	74	镁（毫克）	8
维生素B_1（毫克）	0.03	铁（毫克）	0.4
维生素B_2（毫克）	0.04	锌（毫克）	0.14
维生素C（毫克）	8.0	硒（微克）	0.46

南瓜中含有的果胶能够起到保护胃黏膜的作用。

养生食谱

① 南瓜虾皮汤

原料： 南瓜 200 克，虾皮 20 克，葱花、盐各适量。

做法： ①南瓜洗净，去皮、去瓤，切块。②锅中放油烧热后，放入南瓜快速翻炒片刻，加适量清水大火煮开，转小火将南瓜煮熟，出锅时加盐调味，再放入虾皮、葱花略煮。

营养功效： 补中益气、增强体质。

小偏方大功效

● 糖尿病：将南瓜干燥后制成粉剂，每次 50 克，每日 2 次，用开水调服，连服 2~3 个月。

● 周身浮肿：南瓜瓤适量频频饮服。

● 痢疾：用南瓜叶煎汤饮。

● 消痰止咳：蒸熟南瓜混合蜂蜜吃，早晚各 1 次，长期服用。

② 南瓜饼

原料： 南瓜 250 克，糯米粉 200 克，白糖、豆沙（红小豆制品）各适量。

做法： ①南瓜去子，洗净，包上保鲜膜，用微波炉加热至熟。②用勺子挖出南瓜肉，加糯米粉、白糖，和成面团。③豆沙搓成小圆球，面团分成乒乓球大小的剂子，包入豆沙馅，上锅蒸熟。

营养功效： 增进食欲，补充营养。

④ 燕麦南瓜粥

原料： 南瓜 200 克，燕麦片 80 克，粳米 100 克。

做法： ①南瓜洗净，去皮、去瓤，切成小块；粳米洗净，放入锅中，加适量水，大火烧沸后转小火煮 20 分钟。②放入南瓜块、燕麦片，小火煮 10 分钟。

营养功效： 能有效预防便秘。

③ 绿豆南瓜羹

原料： 绿豆 200 克，南瓜 150 克，盐适量。

做法： ①绿豆洗净，用温水浸泡 30 分钟；南瓜洗净，去皮、去瓤，切块。②锅中注入清水烧沸，放入绿豆煮 15 分钟左右。③放入南瓜块，再用小火煮至绿豆、南瓜烂熟，加盐调味。

营养功效： 清热解暑、益胃生津。

燕麦南瓜粥可美白淡斑、润肠通便。

性平　味甘

有助于美容：丝瓜中的维生素 B₁、维生素 C 等营养成分能保护皮肤、消除斑块，使皮肤洁白、细嫩。

丝瓜又名天丝瓜，因为它老时丝络很多，所以叫丝瓜。丝瓜是夏季主要蔬菜之一，适合炒食、做汤，成熟后纤维发达，可入药，有清热化痰、凉血解毒等疗效。

主要营养成分（以每 100 克可食部计）

营养素	维生素 C（毫克）	维生素 A（微克）	钾（毫克）
含量	4.0	13	121

养生功效

《本草纲目》记载：丝瓜可除热利肠，去风化痰，凉血解毒，杀虫，通经络，行血脉，下乳汁，能暖胃补阳，固气和胎。

人群推荐

✔便秘者：丝瓜热量低，其黏液和植物纤维有助于排便。

✔产妇：丝瓜可改善妇女产后乳汁不下、乳房胀痛等病症。

搭配推荐

● 菊花＋丝瓜：可养颜、洁肤、除雀斑。

● 虾米＋丝瓜：滋肺阴、补肾阳。

● 毛豆＋丝瓜：可清热祛痰，防止便秘、口臭和周身骨痛，并促进乳汁分泌。

本草附方

● 干血气痛（妇人血气不行，上冲心膈）：丝瓜烧存性①，空心温酒服。

● 手足冻疮：老丝瓜烧存性，和固体动物油涂抹患处。

● 血崩不止：将老丝瓜、棕榈烧灰，用淡盐水送服。

● 乳汁不通：把丝瓜连子一起烧存性，研末，用酒服 2 钱，盖被出汗即通。

注①：烧存性即把药烧至外部焦黑，使表面炭化，里面还能尝出原有气味。

小偏方大功效

● 小儿百日咳：鲜丝瓜汁 60 毫升（3~6 周岁），加适量蜂蜜调服。每日 2 次。

● 牙痛：老丝瓜 1 个，茶叶适量。加水煎汤服。每日 2 次。

养生食谱
鲫鱼丝瓜汤

原料：鲫鱼 1 条，丝瓜 200 克，姜片、盐各适量。

做法：①鲫鱼收拾干净，切块；丝瓜去皮，洗净，切成段。②两者一起放入锅中，加姜片，大火烧沸后用小火慢炖至鱼熟，加盐调味。

营养功效：美容养颜，健脾益气。

苦瓜

性寒　味苦

适宜夏季吃：苦瓜有清热祛暑、清心明目、益气解乏的功效，适合炎热的夏季食用。

苦瓜又称凉瓜、癞葡萄，是餐桌上常见的蔬菜，果实呈长椭圆形，表皮有许多不整齐的瘤状突起，内藏果实。优质苦瓜瓜形大，瓜肉厚，苦中带甘，可凉拌或炒食。

主要营养成分（以每100克可食部计）

营养素	维生素 C（毫克）	维生素 A（微克）	钾（毫克）
含量	56.0	8	256

养生功效

《本草纲目》记载：苦瓜可除邪热，解劳乏，清心明目。

苦瓜具有预防坏血病、防治动脉粥样硬化、提高机体应激能力、保护心脏等作用。苦瓜中的有效成分可以抑制正常细胞的癌变和促进突变细胞的复原，有一定抗癌作用。

人群推荐

✔癌症患者：苦瓜有助于提高人体的抗癌能力。

✔糖尿病患者：苦瓜能够预防和改善糖尿病并发症，具有调节血脂、提高免疫力的作用。

✘脾胃虚寒者：苦瓜性寒，脾胃虚寒者不宜多食。

搭配推荐

• 茄子＋苦瓜：二者同食能够预防心血管疾病。

• 青椒＋苦瓜：二者同食能减肥。

小偏方大功效

• 中暑：苦瓜 1 个，绿豆 150 克，白糖适量。先将绿豆加水 500 毫升，小火煮至开裂后，加入苦瓜片，煮至酥烂，加入白糖调匀，代茶饮。

• 糖尿病：苦瓜晒干碾粉压片，每片含生药 0.5 克。每日服 3 次，每次服用 15~25 片。餐前 1 小时服用，或取鲜苦瓜炒食。

• 痢疾：鲜苦瓜捣绞汁 50 毫升泡蜂蜜服。

养生食谱
凉拌苦瓜

原料：苦瓜 1 个，盐、香油（橄榄油）各适量。

做法：①将苦瓜去子后洗净，切成薄片。②将苦瓜片放入沸水锅中焯一下，再用凉开水冲洗一下，盛入盘中，用适量盐、香油（橄榄油）调拌。

营养功效：清热解毒，清肝明目。

竹笋

性微寒　味甘

有助于减肥：竹笋具有低脂肪、低糖、高膳食纤维的特点，进食的油脂会被它吸附，从而起到减肥作用。

竹笋是竹子的嫩茎。又称毛笋、毛竹笋、竹胎等。竹笋肉厚节间短，肉质呈乳白色或淡黄色，口感柔嫩，适合做汤、凉拌或炒食。

主要营养成分（以每100克可食部计）

营养素	碳水化合物（克）	蛋白质（克）	脂肪（克）
含量	3.8	2.2	0.2

养生功效

《本草纲目》中记载：竹笋治消渴，利水道，益气。竹笋可开胃健脾，通肠排便，消油腻，解酒毒，有辅助治疗食欲不振、大便秘结、形体肥胖、酒醉恶心等作用。

人群推荐

✔ 便秘者：竹笋甘寒通利，能促进胃肠蠕动。

✘ 儿童：竹笋含有较多草酸，影响人体对钙的吸收。

✘ 荨麻疹患者：易引起过敏。

搭配推荐

• 鸡肉＋竹笋：有利于暖胃、益气、补精。

• 香菇＋竹笋：二者搭配能明目、利尿、降血压。

小偏方大功效

• 胃热烦渴：竹笋200克去皮，洗净切片，加适量盐，煮烂食用。每日2次。

• 便秘：毛笋250克，常食。

• 痰热咳嗽：毛笋适量，同肉煮食。

养生食谱
香菇竹笋汤

原料：香菇25克，竹笋15克，金针菇100克，姜、盐、清汤各适量。

做法：①香菇去蒂，洗净，切片；姜洗净，切丝；金针菇洗净；竹笋剥皮，洗净，切厚丝。②竹笋、姜丝放汤锅中，加适量清汤，烧沸15分钟，再放香菇、金针菇煮5分钟后加入盐。

营养功效：清热、健脾益胃、消除积食、防止便秘。

洋葱

性温 味辛、甘

防辣眼睛：切前先将洋葱在水中浸泡 10 分钟，切之前刀面沾水，就可以避免其挥发物质刺激眼睛。

洋葱又称圆葱、葱头、胡葱、球葱等，味道辛辣，葱体为圆形，根据皮的颜色可分为紫皮、黄皮和白皮三种，肉质柔嫩，可生食、调味，也可与肉炒食。

主要营养成分（以每100 克可食部计）

营养素	蛋白质(克)	钙(毫克)	钾(毫克)
含量	1.1	24	147

养生功效

洋葱中含有植物杀菌素，比如大蒜素等，可以预防感冒。洋葱中含有一种名为"栎皮黄素"的物质，这是目前所知较有效的天然抗癌物之一。

人群推荐

✔高血压患者：洋葱能促进钠盐的排泄，使血压下降。

✘ 眼疾、眼部充血患者：洋葱所含辛辣味对眼睛有刺激作用。

搭配推荐

• 猪肝＋洋葱：可为人体提供丰富的蛋白质、维生素 A 等营养物质。

小偏方大功效

• 咳嗽，痰多浓稠：洋葱洗净，切碎炒食或熟食。

• 降血压、降血脂：洋葱 120 克，切成细丝。锅中放油烧热后，再放入洋葱丝翻炒，加盐、酱油、醋和白糖拌炒均匀食。

养生食谱
洋葱炖羊排

原料：羊排 300 克，洋葱 150 克，香菇 4 朵，姜丝、蒜末、胡椒粉、酱油、淀粉、水淀粉、盐各适量。

做法：①香菇洗净，去蒂；洋葱洗净，切块。②羊排洗净，用酱油、淀粉腌 10 分钟。③锅中放油烧热后，爆洋葱、羊排，下姜丝、蒜末爆香，再加入胡椒粉、盐、香菇及适量清水，小火炖至羊排熟烂，用水淀粉勾芡。

营养功效：健脾开胃。

茭白

性冷 味甘

营养丰富易吸收：茭白的有机氮素以氨基酸状态存在，味道鲜美，容易为人体所吸收。

茭白又名菰笋、茭笋、菰菜，是我国特有的水生蔬菜。茭白味甘，性冷，有解热毒、通利两便之功效，是适合高血压、高脂血症、减肥者食用的佳品。

主要营养成分（以每100克可食部计）

营养素	蛋白质（克）	脂肪（克）	膳食纤维（克）
含量	1.2	0.2	1.9

养生功效

《本草纲目》记载：茭白可止渴，解烦热，理胃肠。茭白既能生津止渴、利尿祛湿，辅助治疗四肢浮肿、小便不利等症，又能清暑解烦，还能解除酒毒，治酒醉不醒、口干舌燥之症。

人群推荐

✔醉酒者：茭白有解酒的功效。

✔产后乳少者：茭白有通乳的功效。

✘腹泻者：茭白有促进肠道蠕动的作用，会加重腹泻。

搭配推荐

• 辣椒＋茭白：有开胃和中的功效。

• 猪蹄＋茭白：二者同食具有通乳的功效。

小偏方大功效

• 湿热黄疸、小便不利：茭白根30克，水煎服。

• 降血压：茭白60克，胡萝卜30克，水煎服。

• 润肠通便：茭白100克，芹菜30克，盐适量。将茭白、芹菜分别洗净切段，放入锅内，加适量清水，煎煮10分钟，取汁去渣，加盐调味，饮服。

养生食谱
茭白炒肉丝

原料：茭白500克，猪肉150克，鸡蛋1个，酱油、盐、料酒、水淀粉、葱花、姜末各适量。

做法：①猪肉洗净，切丝，用鸡蛋清、水淀粉拌匀肉丝；茭白去皮，洗净，切片。②锅中放油烧热，下入拌好的肉丝，待肉丝炒散后，下入姜末、酱油、料酒炒，接着下入茭白片、盐炒熟，点缀葱花。

营养功效：利尿祛湿，清暑解烦。

莲藕

性平　味甘

生熟功效不同：生藕，有清热除烦、凉血、止血、散瘀之功；熟藕，有补心生血、健脾胃之效。

莲藕又称藕、藕节，味甜而脆，既可食用，又可滋补入药，可炒食、凉拌、涮火锅，也可生食。用莲藕制成粉，能消食止泻、开胃清热、滋补养身。

主要营养成分（以每100克可食部计）

营养素	碳水化合物（克）	膳食纤维（克）	维生素C（毫克）
含量	11.5	2.2	19.0

养生功效

《本草纲目》记载：莲藕消热渴，散留血，生肌，久服令人心欢。常食，轻身耐老，延年益寿。莲藕含有较高的营养价值，可补益气血，增强人体免疫力。中医认为，莲藕是一款冬令进补的好食材，既可食用，又可药用。

人群推荐

✔肥胖者：莲藕中含有黏液蛋白和膳食纤维，能减少脂类的吸收，是减肥佳品。

✘ 脾胃功能低下者：过量食用莲藕对脾胃不利。

搭配推荐

● 冰糖 + 莲藕：二者同食有健脾、开胃、止泻的作用。

● 绿豆 + 莲藕：能健脾开胃、舒肝胆气、清肝胆热、养心血、降血压，适用于肝胆不适和高血压患者。

本草附方

● 上焦痰热：藕汁、梨汁各半盏，一起服下。

● 时气烦渴：生藕汁1盏，生蜜1合，和匀服下。

小偏方大功效

● 肺结核咳嗽：莲藕洗净压碎，加入姜汁、盐、白糖等调匀服用。每日2~3次。

● 养心安神：鲜藕200克，鲜莲子100克，桂圆干30克。将莲藕切成薄片放锅中，加入莲子与水，小火煮熟，再加入桂圆干即可。

● 热淋：生藕汁、地黄汁、葡萄汁各等量，每服半盏，入蜜温服。

养生食谱

糖醋莲藕

原料：莲藕1节，小红辣椒1个，料酒、盐、白糖、醋、香油、花椒、葱花各适量。

做法：①莲藕削皮，洗净，切成薄片。②油锅烧热，花椒炸香后捞出，再下葱花略煸，倒入藕片翻炒，加入料酒、盐、白糖、醋，继续翻炒；③待藕片炒熟后，淋入香油，将小红辣椒洗净，切段点缀一下。

营养功效：糖醋莲藕酸甜可口、健脾开胃，但糖尿病患者不宜多食。

荸荠

性微寒　味甘

不建议生吃：荸荠生长在泥中，外皮和内部都有可能附着较多的细菌和寄生虫，所以不宜生吃。

荸荠又名地栗、乌芋。荸荠苗称通天草，也可入药。荸荠自古就有"地下雪梨"的美誉，北方人视之为江南人参。荸荠既可作为水果，又可算作蔬菜。

主要营养成分（以每100克可食部计）

营养素	碳水化合物（克）	维生素C（毫克）	磷（毫克）
含量	14.2	7.0	44

养生功效

《本草纲目》认为，荸荠可消渴痹热，温中益气，消风毒，明耳目，消黄疸，开胃下食。荸荠中的磷元素含量高，对牙齿骨骼的发育有很大好处，同时可促进体内的糖、脂肪、蛋白质代谢，调节酸碱平衡。

人群推荐

✔儿童：促进体内物质代谢，有利于发育。

✔发热患者：荸荠既可清热生津，又可补充营养。

✘脾胃虚寒者：荸荠性微寒，多食易腹胀。

搭配推荐

• 豆浆＋荸荠：有清热解毒功效，主治便血。

• 香菇＋荸荠：可调理脾胃、清热生津。

• 白萝卜＋荸荠：可清热生津、化痰消积、明目。

本草附方

• 小儿口疮：荸荠烧存性，研末，涂抹患处。

小偏方大功效

• 百日咳：荸荠500克，洗净捣汁，与适量蜂蜜混合，加水烧沸。每次2汤匙，每日2次水冲服。

• 急慢性咽喉炎：新鲜荸荠洗净去皮，煮熟，切碎，用清洁纱布滤出汁液，随时饮用。

• 清热止渴：荸荠50克洗净，去皮捣碎，放入锅中，加适量清水，小火熬煮25分钟，加冰糖稍煮。

养生食谱

鲜虾荸荠丸子汤

原料：鲜虾400克，荸荠、鸡蛋清各100克，盐、香菜各适量。

做法：①鲜虾与荸荠分别洗净，切碎，加蛋清制成虾丸。②烧沸水，放入虾丸煮熟，加入盐、香菜调匀。

营养功效：清热凉血，消食化痰。

香椿

性温　味苦

烹饪技巧：食用香椿前用开水焯烫一下，香椿颜色由深红转绿，香味更浓郁。

古代农市上把香者称为椿，臭者为樗（chū）。香椿是春天很受大众欢迎的一种食材，香椿芽营养丰富，又有一种奇异的香味，既能够炒菜，也可以做馅。

主要营养成分（以每100克可食部计）

营养素	碳水化合物（克）	膳食纤维（克）	维生素C（毫克）
含量	10.9	1.8	40.0

养生功效

《本草纲目》记载：香椿可洗疮疥风疽，消风去毒。香椿被称为"树上蔬菜"，不仅营养丰富，而且具有较高的药用价值。它含有维生素E和性激素等物质，可抗衰老和补阳滋阴。

人群推荐

✔ 肠炎、痢疾患者：香椿有辅助治疗的作用。

✘ 慢性疾病患者：香椿为发物，多食易诱使顽疾复发。

搭配推荐

● 豆腐＋香椿：润肤明目、益气和中、生津润燥，适合心烦口渴、口舌生疮的患者。

● 鸡蛋＋香椿：滋阴润燥、泽肤健美，增强人体抵抗力，对虚劳吐血之症有疗效。

本草附方

● 下利清血，腹中刺痛：香椿根、香椿树皮洗净、刮净后晒干研末，加醋调糊制成梧子大小的丸子。每次吃三四十丸，用米汤服下。

养生食谱
香椿鲜虾

原料：鲜虾200克，香椿100克，酱油、醋、香油、盐各适量。

做法：①香椿洗净，放入沸水中烫一下，捞出控去水分后切碎，放入盘内。②鲜虾洗净，在盐水中煮熟，捞出后剥皮、去虾线，摆在盘中的香椿上。③把酱油、醋、香油和盐兑成汁，浇在虾肉和香椿上，拌匀。

营养功效：补阳滋阴，增强人体的免疫功能。

木耳

性平　　味甘

鲜木耳不能吃：鲜木耳含有一种光感物质，食用后经日晒可引起皮肤瘙痒、水肿。

木耳又称木菌，呈圆耳形，色泽黑褐，质地柔软，味道鲜美，营养丰富，可炒食、凉拌。木耳可生于各种木质，品质优劣由木性决定。

主要营养成分（以每100克可食部计）

营养素	膳食纤维（克）	维生素C（毫克）	铁（毫克）
含量	2.6	1.0	5.5

养生功效

《本草纲目》记载：木耳有补气轻身的功效。木耳中铁的含量丰富，故常吃木耳能养血驻颜，令人肌肤红润，容光焕发，并可防治缺铁性贫血。木耳能减少血液凝块，预防血栓的发生，有防治动脉粥样硬化和冠心病的作用。

人群推荐

✔消化不良者：木耳对人体消化系统有清润作用。

✔脑血栓患者：木耳有预防血栓的作用。

✘脾虚消化不良、腹泻者：木耳有滑肠作用。

✘出血性疾病患者：木耳能活血抗凝，凝血机能异常的人不宜食用。

搭配推荐

• 豆腐＋木耳：二者同食可降低人体内的胆固醇，预防高脂血症和高血压的发生。

• 猪腰＋木耳：二者同食可辅助治疗久病体弱、肾虚腰背痛等症。

本草附方

• 治女子崩漏：将木耳炒至见烟，研末，用酒送服。

养生食谱

木耳清蒸鲫鱼

原料：鲫鱼1条，水发木耳100克，水发香菇2朵，姜片、葱段、料酒、盐、白糖各适量。

做法：①水发木耳洗净，撕成小片；水发香菇洗净，去蒂后切片。②将鲫鱼收拾干净，放入碗中，加入姜片、葱段、料酒、白糖、盐，然后放上黑木耳、香菇，上笼蒸30分钟，取出。

营养功效：润肺养气，滋阴补血。

银耳

性平　味甘

烹饪技巧：泡发银耳宜用温水，不宜凉水泡发。

银耳又称桑耳，银耳既是营养滋补佳品，又是扶正强壮的补药，其肉质滑嫩、晶莹剔透，煮粥、炖肉、做汤都可以，是滋阴、润燥、生津、止渴的好选择。

主要营养成分（以每100克可食部计）

营养素	钙(毫克)	硒(微克)	钾(毫克)
含量	36	2.95	1588

养生功效

《本草纲目》记载：银耳止久泄，能益气强身，使人不饥饿。银耳润肺生津，可生津活血、滋阴补阳，尤能治肠风下血、妇女带症。银耳还富含硒，可以增强机体抗肿瘤的能力，还能增强肿瘤患者对放疗、化疗的耐受力。

人群推荐

✔爱美人士：银耳汤可以润肤，并能祛除脸部黄褐斑、雀斑。

✔阴虚火旺者：银耳具有补脾开胃、益气清肠、安眠健胃、养阴清热、润燥的功效。

搭配推荐

● 菠菜＋银耳：可滋阴润燥、补气利水。

● 木耳＋银耳：对久病体弱、肾虚腰背痛效果很好。

小偏方大功效

● 虚劳咳嗽、痰中带血、阴虚口渴：干银耳6克，糯米100克，冰糖10克，加水煮粥食用。

● 癌症放疗、化疗期：银耳12克，绞股蓝45克，党参、黄芪各30克，共煎水；取银耳，去药渣，加薏米、粳米各30克煮粥。每日1剂。

● 养血润燥：银耳50克泡发，大枣8个，百合20克，冰糖适量，隔水炖1小时，于早晨空腹服下。每日1次，连用数天。

养生食谱
橘瓣银耳羹

原料：银耳20克，橘子100克，冰糖适量。

做法：①银耳用清水浸泡2小时，择老根，撕成小块，洗净；橘子去皮，掰好橘瓣，备用。②锅中加清水，放入泡好的银耳，烧沸后转小火，煮至银耳软烂，放入橘瓣和冰糖，小火煮5分钟。

营养功效：橘瓣银耳羹有滋养脾胃、生津润燥、理气开胃、化痰止咳的功效。

香菇

性平 味甘

香菇又称香蕈。

养生功效

《本草纲目》记载：香菇益气，使人不饥，能治风破血。现代医生认为，香菇具有抗病毒、调节免疫功能和刺激干扰素形成等功效。

人群推荐

✔ 高血压、高脂血症患者：香菇能降低胆固醇及血压。

✔ 癌症患者：癌症患者多吃香菇能增强免疫力。

✘ 皮肤瘙痒患者：香菇为发物，易引起过敏反应。

搭配推荐

● 鸡肉＋香菇：提高免疫力，抗衰老，补益气血。

● 豆腐＋香菇：二者搭配可增强抗癌、降血脂的功效。

养生食谱

三菇白菜

原料：香菇80克，草菇、平菇各20克，白菜350克，葱段、盐各适量。

做法：①白菜洗净，切片；草菇、香菇、平菇去蒂洗净，香菇切十字花刀。②锅中放油烧热后，放白菜炒至半熟，加入香菇、平菇、盐、葱段和适量的清水，小火煮烂。

营养功效：增强食欲，润肠通便。

3种常见菇类

蘑菇是一种高蛋白、低脂肪的菌类食物总称，能很好地促进人体对其他食物营养的吸收。蘑菇品种众多，不同的蘑菇味道也不同，所含营养也有很大差异。

平菇

平菇是一种常见的灰色食用菇。营养价值高，含有多种氨基酸，以及丰富的钙、磷、钾等营养物质，而且脂肪含量较少，可滋补强身，作为体弱者的营养滋补品，对肝炎、慢性胃炎、胃和十二指肠溃疡、软骨病、高血压等也有疗效。平菇口感好，可以炒、烩、烧。

食用前要清洗干净平菇表面的黏稠物。

平菇蛋汤

原料： 平菇 200 克，鸡蛋 3 个，油菜、料酒、盐、酱油各适量。

做法： ①平菇洗净，撕成薄片，在沸水中略焯一下，捞出；将鸡蛋磕入碗中，加料酒、少许盐搅匀；油菜洗净，切段。②锅中放油烧热后，下油菜煸炒，放入平菇，倒入适量清水烧沸，加盐、酱油，倒入鸡蛋液，再烧沸。

营养功效： 减肥瘦身。

金针菇

　　金针菇又称冬菇、金菇等，常食可降低胆固醇，对高血压、胃肠道溃疡、肝病、高脂血症等有一定的防治功效。金针菇含有的人体必需氨基酸成分比较齐全，且含锌量比较高，对孩子智力发育有益。

豆芽凉拌金针菇

原料： 金针菇 250 克，绿豆芽 200 克，姜末、葱花、酱油、醋、盐、胡椒粉、香油各适量。

做法： ①金针菇洗净；绿豆芽去杂质，洗净，分别在沸水锅中焯一下，放碗内。②加入姜末、葱花、酱油、醋、盐、胡椒粉，淋上香油，搅匀。

营养功效： 清热去火，适宜夏秋时节食用。

猴头菇

　　猴头菇有助消化、滋补身体等功效。猴头菇可缓解消化不良，对胃病及轻度神经衰弱有辅助治疗的作用。

猴头菇娃娃菜

原料： 猴头菇、香菇各 70 克，娃娃菜 300 克，葱花、姜片、料酒、盐、水淀粉各适量。

做法： ①猴头菇、香菇洗净，切块，放入沸水锅中焯水，然后放入凉水中浸凉；娃娃菜洗净，切段。②锅中放油烧热后，加入所有食材，以及葱花、姜片、料酒、盐，熟时用水淀粉勾芡，也可点缀葱花。

营养功效： 开胃健脾、助消化、补虚损，适合胃口不佳者、老人和小孩食用。

西瓜

苹果

桃

橙子

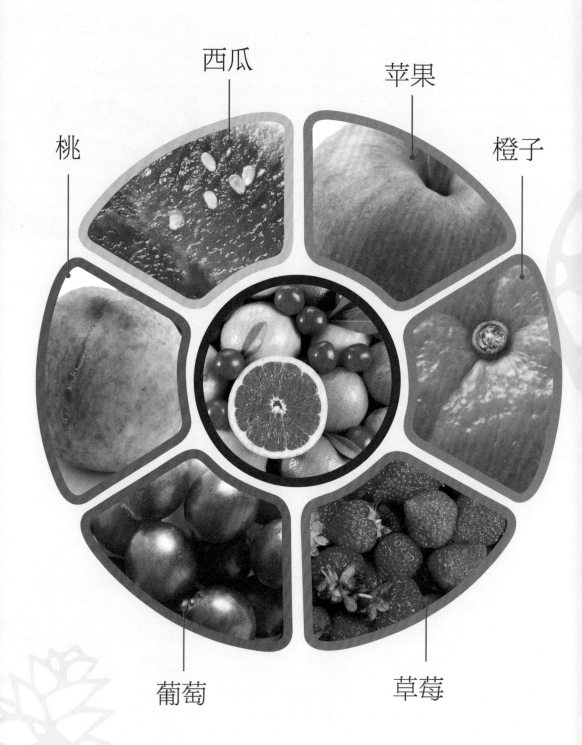

葡萄

草莓

第四章 水果篇

　　水果是自然界中优秀的食物,没有任何天然食物能像它们那样,在提供营养的同时,还给我们提供愉悦的感觉。尝百果能养生,水果营养丰富、美味可口,有的能生津止渴、消暑解烦,有的能健胃消食、预防疾病。它们不仅可以均衡饮食,还可以提高人体免疫力。

苹果

性温 味甘、酸

苹果，古称林檎。苹果呈圆形，味甜或略酸，颜色有绿、红、黄色，营养丰富。

养生功效

《本草纲目》记载：苹果下气消痰，治霍乱肚痛。此果味甘，能引来众禽于林，故有林檎、来禽之名。

多吃苹果可改善呼吸系统功能，保护肺部免受污染和烟尘的影响。

人群推荐

✔心脏病、心血管疾病患者：苹果含果胶和类黄酮成分，可降低胆固醇，减少心脏病的发病率。

✔癌症患者：苹果能增强机体抗癌能力，还能预防铅中毒。

搭配推荐

• 芦荟 + 苹果：生津止渴、健脾益肾、消食顺气。

• 魔芋 + 苹果：同食可以促进肠道蠕动，有助于减肥。

苹果营养丰富，适合正在吃辅食的婴幼儿以及中老年人食用。

营养成分（以每 100 克可食部计）

苹果中的维生素 C 是心血管的保护神，苹果中的胶质和微量元素能保持血糖的稳定。

营养素	含量	营养素	含量
蛋白质（克）	0.4	维生素 A（微克）	4
脂肪（克）	0.2	维生素 C（毫克）	3.0
碳水化合物（克）	13.7	磷（毫克）	7
膳食纤维（克）	1.7	钾（毫克）	83

养生吃法

苹果中的维生素、果胶、抗氧化物质等营养成分多在皮和近核部位，所以尽量不要削去表皮，应该把苹果洗干净食用。苹果中所含的钾能促使体内的钠排出体外，因此，当摄入钠盐过多时，可以吃些苹果。

养生食谱

① 苹果甜椒拼盘

原料：苹果 2 个，各色甜椒 200 克，橄榄油、苹果醋、原味低脂酸奶各适量。

做法：①苹果洗净，去皮，切块，在盐水中浸泡；各色甜椒洗净，去子，切块。②将所有材料依不同颜色交叉拼盘。③把橄榄油、苹果醋拌匀成为油醋酱汁，蘸食。

营养功效：有助于润肠通便、塑身美容。

苹果粥能改善消化不良、食欲不振的症状，达到健脾和胃的效果。并且营养丰富，能够除烦醒酒。

本草附方

● 水痢不止：取未成熟的苹果 10 个，加水 2 升，煮至 1 升，苹果随汤汁一同服下。

小偏方大功效

● 消化不良：苹果 1 个。去皮切片，放碗内加盖蒸熟，捣烂如泥，连吃 2 天。

● 生津润肺：苹果、梨各 1 个。分别去皮去核，切碎加陈皮少许，白糖 30 克，加适量清水煮熟，去渣放凉，1 次饮用。

● 补中益气：苹果、橘子各 1 个，胡萝卜 1 根。分别切碎捣汁，调匀，加适量蜂蜜饮用。

2 苹果粥

原料：粳米 100 克，苹果 1 个，葡萄干 30 克。

做法：①粳米洗净；苹果洗净，切块；葡萄干洗净。②锅中加适量清水煮开，放入粳米和苹果，煮至沸时改小火煮 40 分钟，放入葡萄干稍煮。

营养功效：生津润肺、开胃消食。

3 猪心苹果卷

原料：猪心、苹果、鸡蛋各 1 个，葱花、姜丝、料酒、盐、胡椒粉、淀粉各适量。

做法：①猪心洗净，切片，用葱花、姜丝、料酒、盐、胡椒粉腌味；苹果洗净，切丝；鸡蛋加盐、淀粉调成稍稠的糊。②将每片猪心卷入适量苹果丝成卷，蘸蛋糊下入四五成热的油锅中炸到色黄外酥。

营养功效：除烦解暑、益智安神、消除疲劳。

梨

性寒　味甘、微酸

梨是常见的水果之一，果实有圆形、椭圆形或葫芦形，果皮有绿、白、黄、褐多色。果肉白嫩、多汁，口感脆爽，酸甜可口，可直接食用，也可用来酿酒、制醋。

养生功效

《本草纲目》记载：梨可治热咳、中风不语、伤寒发热，利大小便。梨具有清心润肺的作用，对肺结核，气管炎和上呼吸道感染患者所出现的咽干、痒痛、音哑、痰稠等症皆有效。

人群推荐

✔孕妇：梨可缓解孕妇妊娠呕吐的症状。

✔中老年人：常吃梨能降血压，食用煮熟的梨有助于预防风湿病和关节炎。

✘脾胃虚寒者：梨性寒，多吃易伤脾。

搭配推荐

• 冰糖＋梨：清热化痰、润肺止咳，对治疗阴虚燥咳有辅助作用。

• 银耳＋梨：清肺热、利咽生津、清热解暑、滋阴润燥。

养生食谱

营养成分（以每100克可食部计）

梨中富含碳水化合物和多种维生素，可增进食欲，对肝脏具有保护作用。

营养素	含量	营养素	含量
热量（千焦）	211	维生素 B₂（毫克）	0.03
蛋白质（克）	0.3	维生素 C（毫克）	5.0
脂肪（克）	0.1	维生素 E（毫克）	0.46
碳水化合物（克）	13.1	钙（毫克）	7
膳食纤维（克）	2.6	磷（毫克）	14
维生素 A（微克）	2	钾（毫克）	85
维生素 B₁（毫克）	0.03	钠（毫克）	1.7

养生吃法

血虚、畏寒、腹泻、手脚发凉的患者不可多吃梨，并且最好煮熟再吃，以防湿寒症状加重。梨有利尿作用，对于有起夜习惯的人，最好在睡前不要吃梨。

1 梨三丝

原料：海蜇头 300 克，梨 50 克，芹菜 100 克，盐、香油各适量。

做法：①海蜇头用水泡三四个小时后切丝，芹菜、雪梨洗净，均切细丝。②海蜇丝、芹菜丝、雪梨丝加入盐、香油拌匀。

营养功效：降低血压、养阴清热。

2 西红柿梨汁

原料：梨、西红柿各 1 个。

做法：①梨洗净，去皮与核，切成小块；西红柿洗净，去皮去蒂，切成小块。②梨与西红柿放入榨汁机中，搅打成果汁。

营养功效：生津止渴、健胃消食。

红酒蜜梨既有梨的甘甜又有酒的微酸，味道甜美。还可以暖胃、帮助肌肤补充维生素、促进血液循环。

本草附方

• 消渴饮水：取梨汁用蜜汤熬煮，消渴时用水调服。

小偏方大功效

• 治痰火咳嗽，年久不愈：梨去核，加酥油、蜂蜜，烧熟，冷吃。
• 治暗风失音：梨 1 个，捣汁服，次日再喝。
• 感冒、咳嗽：梨 1 个，洗净连皮切碎，加冰糖蒸熟吃。
• 便秘：梨 1 个去核，蜂蜜放入梨内，蒸熟，吃梨喝汤。
• 醉酒：梨生食或榨汁服用。

❸ 红酒蜜梨

原料：梨 2 个，红酒 350 毫升，桂皮 1 块，冰糖适量。
做法：①梨洗净，去皮，切块。②梨、冰糖、桂皮放入锅中，倒入红酒和适量清水（以浸过梨面为准），小火焖煮至梨熟软上色为准，关火。
营养功效：促进血液循环。

❹ 丁香梨

原料：梨 1 个，丁香 15 枚。
做法：①梨洗净，去核，丁香放入梨核的位置。②把梨放到锅里蒸熟，食用时把丁香去掉，食梨。
营养功效：丁香梨做法独特，有理气化痰、益脾降逆的作用，常食可以防癌抗癌。

性寒　　味酸

橙子

橙子又名柳丁，颜色鲜艳，清香味甜，是深受人们喜爱的水果。橙子中的维生素 C 含量很高，有助于提高人体的免疫力，并有预防坏血病的作用，是一种保健水果。此外经常感冒的人常吃橙子，还可以起到排毒、预防感冒的作用。

养生功效

《本草纲目》记载：橙子嗅之则香，食之则美，诚佳果也。宿酒未解者，食之速醒。橙子具有降逆和胃，消食下气，利膈宽中的作用，还可以解酒，止恶心。橙子中的类黄酮和柠檬素可以降低心脏病的发病率，橙子散发的气味有利于缓解心理压力。

人群推荐

✔心脏病患者：多吃橙子可增加体内高密度脂蛋白含量，降低患心脏病发病概率。

✘ 服药患者：橙子不宜与补钾类药物、磺胺类药物，以及维生素 K_1 补充剂一起服用。

✘ 消化不良者：橙子中的有机酸会刺激胃黏膜。

搭配推荐

• 橘子 + 橙子：橘子中所含的维生素 P 和橙子中维生素 C 可以增强免疫力，预防感冒。

• 米酒 + 橙子：二者同食能辅助治疗妇女乳汁排出不畅及乳房红肿硬结疼痛。

养生吃法

吃橙子前后 1 小时内不要喝牛奶，也不要将橘子和牛奶一同榨汁喝，因为牛奶中的蛋白质遇到果酸会凝固，影响消化吸收。吃完橙子应及时刷牙漱口，以免对口腔牙齿造成损害。

营养成分（以每 100 克可食部计）

橙子中含有的类黄酮和柠檬素可以降低心脏病的发病率。

营养素	含量	营养素	含量
蛋白质（克）	0.8	钙（毫克）	20
脂肪（克）	0.2	磷（毫克）	22
碳水化合物（克）	11.1	钾（毫克）	159
膳食纤维（克）	0.6	钠（毫克）	1.2
维生素 A（微克）	13	镁（毫克）	14
维生素 B_1（毫克）	0.05	铁（毫克）	0.4
维生素 C（毫克）	93.0	锌（毫克）	0.14
维生素 E（毫克）	0.56	硒（微克）	0.31

养生食谱

① 甜橙米酒汁

原料：橙子 2 个，米酒 2 汤匙。

做法：①橙子洗净，切块。②连皮放入榨汁机中榨汁，再调入米酒饮用。

营养功效：理气消肿、通乳止痛。

南瓜富含维生素 A，可以强化黏膜，防止皮肤干燥；橙子富含维生素 C，可增强机体抵抗力。

本草附方

● 闪挫腰痛：橙子核，炒后研成末，用酒送服。

小偏方大功效

● 咳嗽：橙子去顶，在橙肉上撒少许盐，上锅蒸，水开后再蒸 10 分钟，去皮，取果肉连同出来的水一起吃。

● 痔疮出血：橙子 1 个，蒸熟，分 2 次食之。经常食用。

● 防暑祛火：橙子 2 个，剥皮榨汁和蜂蜜一起服，每日 2 次。

❷ 南瓜橙子浓汤

原料：南瓜 300 克，橙子 1 个，牛奶 250 毫升。

做法：①南瓜洗净，切块；橙子洗净，剥皮，切块。②锅中加水烧沸，放入南瓜和橙子，小火焖煮 5 分钟，再倒入牛奶，烧沸。

营养功效：降低血脂，适合"三高"人群食用。

❸ 鲜橙鸡蛋饼

原料：鸡蛋 3 个，橙子 100 克，淀粉、牛奶、盐、白糖各适量。

做法：①橙子洗净，去皮，切丁，用牛奶浸泡；鸡蛋打散，加入盐、白糖、鲜橙丁、淀粉搅拌均匀。②煎锅中放油烧热后，把拌匀的鸡蛋液倒入，用小火煎熟，盛出切块。

营养功效：宽胸理气、和中开胃。

❹ 猕猴桃橙汁

原料：猕猴桃、橙子、西红柿各 1 个，柠檬汁、蜂蜜各适量。

做法：①猕猴桃洗净，去皮；橙子洗净，去皮；西红柿洗净，去皮。②上述食材全部切成小块，放入榨汁机榨汁，最后加柠檬汁和蜂蜜调味。

营养功效：生津止渴，提高人体免疫力。对高血压、高脂血症、冠心病都有辅助治疗作用。

桃

性热 味辛、酸、甘

桃的颜色嫩红，表皮有茸毛，果肉有白色和黄色之分，果实多汁，口味清甜，可生食，或制桃脯、罐头等，味道鲜美。桃的品种较多，虽然形态各异，但营养价值基本相同。

养生功效

《本草纲目》记载：桃益于养颜，桃仁可治疗瘀血血闭、腹内积块，可用于通月经，止心腹痛，通润大便。另外，桃仁所含的苦杏仁苷，具有镇咳作用，同时能使血压下降，可用于高血压患者的辅助治疗。

人群推荐

✔ 便秘患者：桃膳食纤维含量高，便秘患者食用可缓解便秘。

✘ 内热偏盛者：过多食用桃会生热上火。

✘ 糖尿病患者：桃含糖量较高。

搭配推荐

● 酸奶＋桃：能促进身体生长发育，适合儿童食用。

养生吃法

桃性热，不论是硬肉桃还是水蜜桃均不宜吃过量，否则会使人内热旺盛，易上火诱发疾病。内热偏盛、易生疮疖的人尤其不宜多吃。桃仁虽然有破血行瘀、滑肠通便的作用，但因其含有挥发油和脂肪油，泻多补少，且有小毒，也不宜多吃，过量食用可能会中毒，损害中枢神经。

营养成分（以每 100 克可食部计）

桃的含铁量比较高，是缺铁性贫血患者的理想水果。

营养素	含量	营养素	含量
蛋白质（克）	0.6	钙（毫克）	6
脂肪（克）	0.1	磷（毫克）	11
碳水化合物（克）	10.1	钾（毫克）	127
膳食纤维（克）	1.0	钠（毫克）	1.7
维生素 A（微克）	2	镁（毫克）	8
维生素 B_2（毫克）	0.02	铁（毫克）	0.3
维生素 C（毫克）	10.0	锌（毫克）	0.14
维生素 E（毫克）	0.71	硒（微克）	0.47

将桃放入淡盐水或碱水中浸泡片刻，稍加搅动，桃毛会自动脱落。

养生食谱

1 蜜汁桃

原料：桃 200 克，蜂蜜、白糖、桂花酱各 20 克，花生油 50 克，面粉适量。

做法：①桃洗净，去皮，切块，沾匀面粉。②锅中放油烧至六成热时，把桃放入油锅中炸至金黄色。③油锅中加白糖，中火炒至呈红色时，加清水、蜂蜜，然后将桃倒入，再放入桂花酱煨至汁浓。

营养功效：养胃生津、滋阴润燥。

小偏方大功效

●活血化瘀：桃仁 20 克去皮去尖，放入黄酒中浸泡 1 周，晒干研为末，以蜂蜜调和为丸。每日 1 次，每次 5 丸，温水送服。

2 鲜桃葡萄羹

原料：桃 2 个，葡萄干 30 克，冰糖适量。

做法：①桃洗净，以沸水烫过去皮，去核。②将桃捣成泥状，加葡萄干与冰糖，再加入适量清水煮成稠状。

营养功效：消肿止痛。

4 桃果酱

原料：桃 500 克，白糖 250 克，松子末、核桃仁末、黑芝麻末各 100 克。

做法：①桃洗净，去皮、去核，切小丁，放入锅中，加入白糖及 500 毫升水烧沸，用小火熬成糊。②放入松子末、核桃仁末、黑芝麻末，烧沸 10 分钟左右，关火，期间需一直搅拌。

营养功效：增加食欲，助消化。

3 醪糟桃子

原料：桃 300 克，醪糟 500 克，鸡蛋 1 个，白糖 50 克。

做法：①桃洗净，剥皮，去核，切块，然后和醪糟一起放入锅中煮。②开锅后，淋入鸡蛋液，起蛋花后，改小火，最后加入白糖，略煮。

营养功效：滋阴补血，适合女性食用。

女性经常吃醪糟，可以加速体内血液循环，调理气血，美容养颜。

杏

性热　味酸

杏又称杏子，果实形状似桃，呈圆形或长圆形，稍扁，果实比桃小，果皮表面少毛或无毛，果肉颜色呈黄色或橙色，口感绵软、酸甜。可鲜食，也可加工制作成杏干。

主要营养成分（以每100克可食部计）

营养素	碳水化合物（克）	膳食纤维（克）	维生素A（微克）
含量	9.1	1.3	38

养生功效

《本草纲目》记载：有心脏病的人宜食用杏，但吃太多，则伤筋骨。另外杏肉含有丰富的胡萝卜素，在人体中可以转化为维生素A，有助于提高身体抵抗力，保护视力。

人群推荐

✔癌症患者：杏仁是防癌抗癌的"圣品"，经常食用对身体很有裨益。

✘孕妇：杏味酸，性热，且有滑胎作用。

搭配推荐

• 甘草＋杏：甘草有降火、润肺的作用，与性热的杏搭配，可以减少杏导致的上火症状。

本草附方

• 喉痹痰嗽：杏仁去皮熬黄，取3分[1]，和桂末1分研成泥，口含，咽汁。

• 痔疮下血：杏仁去皮尖，加水3升，研磨，滤汁，煎至水剩1升半，同米煮粥吃。

• 血崩不止：用杏仁上的黄皮，烧存性，研成粉末。每次服3钱，空腹用酒送服。

注①：古代重量单位，1分约等于0.3克。

养生食谱
杏仁豆腐

原料：杏仁100克，粳米50克，白糖15克，洋葱10克，蜂蜜20毫升。

做法：①杏仁去皮，切碎；粳米淘净，与杏仁加水磨成浆，过滤取汁。②洋葱洗净，放入锅中，加清水100毫升，上笼蒸20分钟取出，用纱布去渣。③锅置火上，下洋葱汁、杏仁米浆，煮后关火，即成杏仁豆腐。④另起锅，加水、白糖、蜂蜜，烧沸后起锅，浇在杏仁豆腐上。

营养功效：生津润燥、强身健体，适用于肺虚久咳、慢性气管炎患者。

李子

性微温 · 味苦、酸

储存技巧：李子保存前不要洗，表皮上的白色果霜能够延长保存时间。

李子又名嘉庆子、李实。与杏长得很像，果呈球形、卵球形、心脏形或近圆锥形，果实口味酸甜，可鲜食，也可制成罐头、果脯。

主要营养成分（以每100克可食部计）

营养素	碳水化合物（克）	维生素A（微克）	钾（毫克）
含量	8.7	13	144

养生功效

《本草纲目》记载：肝有病的人宜食。晒干后吃，去痼热，调中。李子可促进血红蛋白再生，贫血者适度食用对健康有益。不过李子不能多食，否则会表现出虚热、脑涨等不适感。

人群推荐

✔ 爱美人士：经常食用鲜李子，能美容养颜。

✔ 贫血患者：李子能促进血红蛋白再生。

✘ 脾胃虚弱者：李子中含有大量果酸，过量食用易引起胃痛。

搭配推荐

• 坚果 + 李子：二者搭配可预防贫血，刺激食欲，促进儿童成长。

小偏方大功效

• 小便不利：李子去皮、去核，生食。
• 肝硬化：李子用水煎煮，加适量绿茶、蜂蜜，服用。
• 大便秘结：李子仁加清水煎汤，服用。
• 食欲不振：李子、葡萄干一同生食。
• 清热止咳：李子生食，或加蜂蜜煎膏服。

养生食谱

无花果李子汁

原料：无花果3个，李子4个，猕猴桃1个。

做法：①无花果洗净，剥皮，切成4等份；李子洗净，去皮，去核；猕猴桃洗净，去皮，切成小块。②所有食材和适量凉开水一起放入榨汁机中搅打成汁。

营养功效：无花果李子汁有润肠通便的作用，能够预防便秘。

性寒

西瓜

味甘、淡

西瓜又称寒瓜，瓜呈圆形或椭圆形，外皮光滑，呈浓绿、青绿、白绿色，有花纹，果瓤常见为红色或黄色，味甘多汁，清爽解渴，是夏季常见解暑水果。

养生功效

《本草纲目》记载：西瓜可消烦止渴，解暑热，治疗咽喉肿痛，宽中下气，利尿。盛夏食欲不振、形体消瘦的"苦夏者"常吃西瓜有助于消化，促进新陈代谢、滋养身体。西瓜还适合热病患者和高血压早期患者食用。

人群推荐

✔高血压患者：西瓜有一定的降压作用。

✔爱美人士：西瓜可增加皮肤弹性，减少皱纹。

✘糖尿病患者：西瓜含糖量高。

搭配推荐

• 冰糖＋西瓜皮：可凉血、帮助排泄，对吐血和便血者有一定辅助疗效。

• 薄荷＋西瓜：生津止渴、提神醒脑、镇静情绪。

营养成分（以每 100 克可食部计）

西瓜含有丰富的维生素与水分，有平衡血压、调节心脏功能、清爽解渴、甘甜润肺的作用。

营养素	含量	营养素	含量
蛋白质（克）	0.5	维生素 C（毫克）	5.7
脂肪（克）	0.3	钙（毫克）	7
碳水化合物（克）	6.8	磷（毫克）	12
膳食纤维（克）	0.2	钾（毫克）	97
维生素 A（微克）	14		

养生吃法

西瓜的瓜瓤可以用来制作饮品、甜品，也可加点酸奶拌成沙拉；瓜皮凉拌，可清热、利尿，降低血糖。汁液还能加入水淀粉做成果冻。切开后的西瓜，要用保鲜膜包好，放进冰箱冷藏，并尽快食用。

养生食谱

西瓜不耐保存，切开后应尽快食用。

1 西瓜桃汁

原料：西瓜 100 克，香瓜、桃各 1 个，柠檬汁适量。

做法：①西瓜、香瓜分别去皮、去子，切块；桃洗净，去皮、去核。②将西瓜块、香瓜块、蜜桃果肉放入榨汁机内，加入适量凉白开，搅打成汁，再加入柠檬汁调味。

营养功效：清热消暑、解渴生津。

翠衣解暑汤适宜于炎夏酷暑时节一般人群饮用，可清暑益气、泻热除烦。

用食物养身体

本草附方
● 食瓜过伤：瓜皮煎汤饮用可解。

小偏方大功效
● 酒醉后头晕、烦渴：西瓜（红瓤西瓜为好）500克。取瓤榨汁，饮用。
● 中暑：西瓜汁100克，醋适量。调匀代茶饮。
● 清热降压：西瓜皮200克，玉米须60克。加水煎汤。
● 健脾消暑：西瓜皮100克，大枣10个。共煎汤，每日当茶饮。
● 壮阳：西瓜皮切丝，沸水焯后捞出，与熟鸡丝、瘦肉丝加调味品食用。

❷ 翠衣解暑汤

原料：西瓜皮500克，白糖适量。
做法：①西瓜皮去表面绿皮，洗净，切块。②将西瓜皮放入锅中加适量清水煮汤，放凉后加白糖搅匀饮用。
营养功效：甘甜爽口，适宜夏天饮用，解暑补水。

❸ 西瓜橘饼粥

原料：西瓜300克，西米80克，橘饼10克，冰糖适量。
做法：①西瓜去子，切块；西米洗净；橘饼切成细丝状。②把西瓜、冰糖、橘饼放进锅内，加清水煮开，放入西米煮熟。
营养功效：除烦解暑、利尿消肿。

❹ 瓜皮绿豆汤

原料：西瓜皮300克，绿豆80克。
做法：①绿豆洗净；西瓜皮洗净，切块。②绿豆放入1500毫升水中煮，烧沸10分钟后撇去绿豆。③西瓜皮放入烧沸的绿豆汤中再煮，烧沸后冷却即可饮用。
营养功效：清火解热、除烦止渴、降血压。

木瓜

性温　　味酸

木瓜又名木梨。木瓜果皮光滑美观，果肉厚实细致，香气浓郁，汁水多，营养丰富，不仅可以作水果，还兼具一定的药用价值。

养生功效

《本草纲目》记载：宣木瓜可治疗肌肤麻木，关节肿痛，脚气，霍乱呕吐，转筋不止。番木瓜果实中所含的齐墩果酸成分具有护肝降酶、抗炎抑菌、降低血脂等功效。我们通常所食用的番木瓜还富含 β - 胡萝卜素，能有效对抗全身细胞的氧化。

人群推荐

✓爱美女士：木瓜有美容、瘦身的功效。
✓脾胃虚弱：木瓜有健脾消食的作用。

搭配推荐

● 带鱼＋木瓜：一起煮汤服用，有养阴、补虚、通乳的作用。

营养成分（以每100克可食部计）

木瓜有独特的蛋白分解酶，可以清除下身脂肪，而且木瓜肉中的果胶更是优良的"洗肠剂"。

营养素	含量	营养素	含量
蛋白质（克）	0.6	维生素A（微克）	145
脂肪（克）	0.1	维生素C（毫克）	31.0
碳水化合物（克）	7.2	钙（毫克）	22
膳食纤维（克）	0.5	钾（毫克）	182

养生吃法

木瓜分宣木瓜和番木瓜两种：宣木瓜也就是北方木瓜，又名皱皮木瓜，多用于治病，不宜鲜食；番木瓜产于南方，是食用木瓜，可以生吃，还可和肉类一起炖煮。木瓜食用过量容易使皮肤变黄。

成熟的木瓜果肉很软，不易保存，应即买即食。

养生食谱

❶ 木瓜牛奶汁

原料：木瓜 360 克，牛奶 500 毫升，白糖、碎冰块各适量。

做法：①木瓜洗净，去皮、核，切成大块。②将木瓜块、牛奶、白糖及适量碎冰块放入榨汁机中，榨成浓汁。

营养功效：润肤养颜。

木瓜炖牛排具有促进泌乳、滋补的作用，适合哺乳期女性、体质虚弱者食用。

❷ 木瓜炖牛排

原料： 木瓜 200 克，牛排 300 克，蒜末、蚝油、高汤、料酒、盐各适量。

做法： ①牛排洗净，用盐、料酒腌制 4 小时，再将牛排切成条状；木瓜洗净，去皮，切成条状。②锅中放油烧热后，下入蒜末爆香，放入牛排，再加入蚝油、高汤和适量料酒，大火煮开后改小火炖煮，肉快烂熟时，加入木瓜，炖煮至熟。

营养功效： 木瓜炖牛排营养丰富，产妇食用，既能通乳，又可减少急性乳腺炎的发病率。

❸ 牛奶炖木瓜

原料： 牛奶 500 毫升，木瓜 300 克，梨 350 克。

做法： ①梨、木瓜洗净，削去外皮，去掉核、瓤，切成块。②放入锅内，加入牛奶、清水，先用大火烧沸，再用小火炖 30 分钟，至梨、木瓜软烂。

营养功效： 健脾益胃、强身健体。

本草附方

• 霍乱转筋：用宣木瓜 1 两，酒 1 升，煎服，不饮酒的人，用水煎服。可用布浸水裹脚。

• 脐下绞痛：用宣木瓜 3 片，桑叶 7 片，大枣 3 个。水 3 升，熬至剩余半升，一次服下。

小偏方大功效

• 积食：未成熟的木瓜，晒干，研为细末，每次 9 克，早晨空腹温开水送服。

• 小腿抽筋、脚气水肿：木瓜 30 克，粳米适量。放入水中，熬至米烂粥熟，加红糖适量调味，稍煮溶化即食。

• 滋润皮肤、延缓衰老：木瓜 100 克，银耳 15 克，冰糖适量。共入锅中炖煲 20 分钟，即食。

性寒

猕猴桃

味甘、酸

> 餐前或餐后食用：餐前食用猕猴桃有益于人体吸收其营养，餐后食用可促进消化。

猕猴桃又名藤梨。猕猴桃一般呈椭圆形，果皮呈深褐色。猕猴桃果肉质地柔软，味道酸中带甜。成熟度高的猕猴桃甜度非常高，可鲜食或榨汁。

主要营养成分（以每100克可食部计）

营养素	碳水化合物（克）	维生素C（毫克）	维生素A（微克）
含量	14.5	62.0	11

养生功效

《本草纲目》记载：猕猴桃可止暴渴，解烦热，治泌尿系统疾病，比如结石、排尿不畅。另外，猕猴桃中的膳食纤维不仅能降低胆固醇，促进心脏健康，还可以帮助消化，防止便秘。

人群推荐

✔ 女性：猕猴桃中的维生素E可以提高孕酮水平，有保胎作用。缓解生理期、产期的抑郁倾向。

✘ 脾胃虚寒者：猕猴桃性寒。

搭配推荐

● 粳米＋猕猴桃：可以除烦止渴、健脾补肺、滋肾益精。

● 酸奶＋猕猴桃：促进肠内益生菌生长，防止便秘。

小偏方大功效

● 消化不良：猕猴桃60克，加水1000毫升煎煮至1小碗，服用。

● 前列腺炎：猕猴桃50克，捣烂加温开水250毫升，调匀后饮服，宜经常饮用。

● 防暑祛火：猕猴桃60克，捣烂，冲入1杯凉开水，饮服。

● 提神祛烦：猕猴桃120克，大枣12个，用水煎服。

养生食谱
猕猴桃粥

原料：猕猴桃2个，粳米100克，白糖适量。

做法：①猕猴桃洗净，去皮，切小块；粳米淘洗干净。②锅内加适量清水，放入粳米煮粥，煮至八成熟时加入猕猴桃块，再煮至粥熟，调入白糖拌匀。

营养功效：生津润燥、和胃降逆，适用于脾胃失和所致的消化不良。

葡萄

性平　味甘、酸

不立刻喝水：吃葡萄后不能立刻喝水，否则很容易引发腹泻。

葡萄常成串，为圆锥形，每颗呈圆形或椭圆形，颜色有绿、青、红、褐、紫、黑等色，口味酸甜，味美汁多。颗粒大小、果皮情况以及口感、味道因品种而略有差异。

主要营养成分（以每100克可食部计）

营养素	碳水化合物（克）	维生素C（毫克）	钾（毫克）
含量	10.3	4.0	127

养生功效

《本草纲目》记载：葡萄可治疗筋骨湿痹，令人耐饥饿风寒，轻身不老，延年益寿。葡萄还可以美容，其所含的葡萄多酚具有抗氧化功能，能有效延缓衰老。

人群推荐

✔儿童、妇女、体弱者：葡萄含糖较多，适量食用可帮助身体补充糖分，提供能量。

✔癌症患者：葡萄中含有抗癌物质，可以防止健康细胞癌变，并能防止癌细胞扩散。但仅靠吃葡萄来预防肿瘤是远远不够的，平时需要养成良好的饮食结构和生活习惯。

✘糖尿病患者：葡萄的含糖量很高，忌食。

搭配推荐

• 枸杞子 + 葡萄：二者同食是补血良品。

• 猪瘦肉 + 葡萄干：二者同食可促进人体对猪瘦肉中铁元素的吸收和储备。

本草附方

• 除烦止渴：生葡萄捣碎，过滤，取汁，用砂锅熬至黏稠，加入少量加热熬制后的蜂蜜。加沸水饮用。

小偏方大功效

• 食欲不振：葡萄500克，榨汁后用小火熬成膏状，加入适量蜂蜜，每次服1汤匙。

• 痢疾：白葡萄汁200克，加适量姜汁，服用。

• 防暑祛火：葡萄干30克，南瓜蒂适量。入锅加水1碗，小火煲约20分钟变温后服用。

养生食谱
山药葡萄干粥

原料：葡萄干30克，山药200克，莲子50克，粳米100克，白糖、高汤各适量。

做法：①山药洗净，去皮，切成薄片；莲子洗净，去心；葡萄干洗净。②粳米洗净，放入锅中，加山药、莲子、葡萄干、高汤。③锅置大火上烧沸，再用小火熬煮至熟，加入白糖拌匀。

营养功效：补气益血，常食能改善因心脾不足而引起的心悸、面色黄白等症状。

{ 性寒 } 桑葚 味甘

不宜用铁锅熬煮：桑葚中含有酸性物质，熬煮时会腐蚀铁锅。

桑葚是桑树的果实，有黑、白两种。桑葚原产于中国，能救灾度荒，史书中记载，灾年饥荒时，人们依靠吃桑葚充饥。

主要营养成分（以每100克可食部计）

营养素	碳水化合物（克）	维生素E（毫克）	硒（微克）
含量	13.8	9.87	5.65

养生功效

《本草纲目》中记载：桑葚能止消渴，利五脏关节，通血气。长期食用桑葚，能安魂镇神，令人聪明。另外，桑葚中含有丰富的维生素和花青素，有强抗氧化性，有明目的功效。它还可以促进血红细胞的生长，防止白细胞减少，可补血。

人群推荐

✔用眼过度者：桑葚富含花青素，能缓解眼睛疲劳。

✔高脂血症患者：桑葚具有降低血脂的作用。

搭配推荐

• 粳米＋桑葚：补肝益肾、养血润燥、消除脑力疲劳，常吃有利于缓解失眠、神经衰弱。

本草附方

• 瘰疬结核：用黑熟的桑葚，取汁，熬成膏。每次用开水冲开饮用，每日3次。

养生食谱

桑葚枸杞子糯米粥

原料：桑葚、枸杞子各30克，糯米100克，白糖、香菜各适量。

做法：①桑葚、枸杞子、糯米洗净。②糯米放入锅中，加水煮开，转小火熬煮半小时，加入桑葚、枸杞子再煮10分钟，加白糖调味，点缀香菜。

营养功效：养阴补血、滋肝益肾，调治月经不调。

{ 性大寒 } 香蕉

味甘

忌空腹食用：香蕉含镁丰富，空腹食用会导致血镁增加，抑制心血管系统，易出现肢体麻木和嗜睡情况。

香蕉是四季常见水果之一，采摘时果皮呈青绿色，成熟后果皮呈鲜黄色，果肉甜滑，口感醇香、绵软，富有营养，是药食俱佳的水果。

主要营养成分（以每 100 克可食部计）

营养素	碳水化合物（克）	镁（毫克）	钾（毫克）
含量	28.9	29	330

养生功效

《本草纲目》记载：香蕉可止咳润肺，解酒毒。另外，适当吃些香蕉，可以驱散悲观、烦躁的情绪，增加平静、愉快感；还能有效防治血管硬化，降低血液中的胆固醇，同时也能降低高血压。

人群推荐

✔减肥者：香蕉的膳食纤维含量丰富，饱腹感强。

✔便秘者：香蕉有润肠通便、助消化的功效。

搭配推荐

• 冰糖 + 香蕉：滋润肠燥、通便泻热、滋润肺燥、止咳生津。

• 巧克力 + 香蕉：可使神经系统兴奋，改善低落的情绪。

小偏方大功效

• 痔疮出血：香蕉2个。每日早餐后2小时食用。

• 解酒：香蕉皮加清水煎汤，饮用。

• 润肺止咳：香蕉 120 克。捣烂，榨汁，然后入锅，加适量清水煮熟，用盐调匀。

养生食谱
香蕉燕麦粥

原料：香蕉 1 个，粳米 80 克，燕麦片 20 克。

做法：①粳米洗净；香蕉去皮；切片。②粳米放入锅中加适量清水，小火煮至米烂汤稠，然后将燕麦片缓缓倒入锅中，并不停搅拌，直至燕麦片完全绵软，出锅前，放入香蕉片。

营养功效：润肠通便，宁心安神，降低胆固醇。

柿子

{性寒}

味甘、涩

柿子又叫红柿、香柿。果实扁圆，不同的品种颜色从浅橘黄色到深橘红色不等。柿子于秋季成熟，营养价值很高，所含维生素和糖分比一般水果高。

主要营养成分（以每 100 克可食部计）

营养素	碳水化合物（克）	维生素 C（毫克）	维生素 A（微克）
含量	18.5	30.0	10

养生功效

《本草纲目》记载：柿子可通耳鼻气，治胃肠不足，可解酒毒，压胃间热，止口干。另外，柿子富含果胶，还有良好的润肠通便作用，对于缓解便秘，保持肠道正常菌群生长有很好的作用。

人群推荐

✔ 产妇：柿子可治疗女性产后出血、乳房肿块等症。

✔ 甲状腺肿大患者：新鲜的柿子含碘量高，可预防和治疗因缺碘引起的地方性甲状腺疾病。

✘ 贫血患者：柿子含单宁，易造成缺铁性贫血。

搭配推荐

• 菜籽油＋柿子：对治疗冻疮有益处。

• 黑豆＋柿子：二者同食能降压止血。

本草附方

• 反胃吐食：干柿子 3 枚，连蒂捣烂，用酒服下。

• 妇女产后气乱心烦：将柿饼切碎，加水煮成汁后小口小口地喝。

小偏方大功效

• 脾虚泻痢，食不消化：柿饼 3 斤，酥油 1 斤，蜜 0.5 斤。将酥油、蜜煎匀，放入干柿烧沸十余次，再用干燥的器皿储藏起来。每日空腹吃 3~5 枚，效果良好。

• 咳逆不止：用柿蒂、丁香各 2 钱，姜 5 片，煎水服。

养生食谱

山药柿饼薏米粥

原料：山药 60 克，薏米 80 克，柿饼 30 克。

做法：①山药洗净，去皮，捣烂；薏米洗净，浸泡 3 小时；柿饼切小块。②山药、薏米放入锅中，加入适量清水，熬煮熟烂，加入柿饼，稍煮。

营养功效：常食可使皮肤光滑，减少皱纹，具有滋润肌肤、消除色素斑点的作用。

椰子

性平 **味甘**

椰子又称越王头，是南方常见的水果。椰汁适宜夏季饮用，可清凉消暑、生津止渴；椰肉含有丰富的脂肪酸，有美容养颜的功效。

主要营养成分（以每 100 克可食部计）

营养素	碳水化合物（克）	膳食纤维（克）	维生素 C（微克）
含量	31.3	4.7	6.0

养生功效

《本草纲目》中记载：椰肉益气，治风，食之令人面容光泽。椰汁能止消渴，涂在头上还能令头发黑亮。椰子中含有丰富的蛋白质、脂肪、钾等营养物质。

人群推荐

✔冻疮患者：椰子油对冻疮有很好的疗效，能有效抑制冻疮再生。

✘糖尿病患者：椰子含糖量高。

搭配推荐

• 鸡肉＋椰子：椰子与鸡肉同食，可补气健脾、宁心安神，适合虚弱病人食用。

小偏方大功效

• 心脾两虚：椰子肉 100 克，桂圆肉 50 克，糯米 60 克，大枣 6 枚，红糖 30 克，煮粥食用。早晚各 1 次。

• 脾胃虚弱：将椰子剥开，取适量椰肉，放入鸡汤中熬煮，待汤浓时调味，撒上香菜末。

养生食谱
椰子鸡汤

原料：童子鸡 1 只，椰子 500 克，清汤、盐、料酒、各适量。

做法：①童子鸡去骨、取肉，洗净，切丁；椰子汁倒出，椰壳切开，用刮丝刀将椰子的嫩肉刮成丝。②将鸡丁、椰肉丝、椰汁、清汤装入汤盆里，用盐、料酒搅拌腌制，上屉用小火将鸡丁蒸烂为止。

营养功效：清凉消暑、生津止渴。

荔枝

性平　味甘

荔枝又称丹荔，果壳薄，有鳞斑状突起，色泽鲜紫、鲜红，果肉鲜时呈半透明凝脂状，质嫩多汁，口感甘甜，与香蕉、菠萝、桂圆并称为"南国四大果品"。

养生功效

《本草纲目》记载，荔枝味甘，性平，有生津止渴、补脾益血的功效。荔枝中含丰富的维生素、果胶，具有开胃益脾的作用。特别适合爱美人士、老年人食用。

人群推荐

✔ 爱美人士：荔枝可促进毛细血管的血液循环，防止雀斑的产生，令皮肤光洁润滑。

✔ 老人：开胃益脾，对老年人的哮喘有缓解作用。

✘ 上火者：荔枝会加重病情。

搭配推荐

• 白酒＋荔枝：开胃益脾、滋补祛寒。

• 大枣＋荔枝：二者同食可促进毛细血管的微循环，起到美容养颜的功效。

荔枝含糖量高，一次不宜吃太多。

营养成分（以每 100 克可食部计）

荔枝中的含糖量高且富含维生素 C，有补充能量、增加营养、提高免疫力的作用。

营养素	含量	营养素	含量
蛋白质（克）	0.9	维生素 C（毫克）	41.0
脂肪（克）	0.2	钙（毫克）	2
碳水化合物（克）	16.6	磷（毫克）	24
膳食纤维（克）	0.5	钾（毫克）	151
维生素 A（微克）	1	钠（毫克）	1.7
维生素 B$_1$（毫克）	0.1	镁（毫克）	12
维生素 B$_2$（毫克）	0.04	锌（毫克）	0.17

养生吃法

鲜荔枝是高糖水果，大量食用鲜荔枝会患"荔枝病"，即低血糖症，而且荔枝多吃容易上火，每日吃 5 个以内即可。

养生食谱

① 海带荔枝茴香汤

原料：海带 50 克，荔枝 30 克，茴香 15 克，盐适量。

做法：①海带洗净，切丝；荔枝去壳。②将海带、荔枝、茴香放入锅中，加适量清水，同煮至熟，加盐调味。

营养功效：活血软坚、消肿解毒。

荔枝莲子炖山药既能健脾开胃，
又能养血安神，适合产妇、老人、
体质虚弱者、病后调养者食用。

② 荔枝莲子炖山药

原料: 荔枝、山药各 50 克, 莲子 20 克。

做法: ①荔枝去壳、核; 山药洗净, 去皮, 切成小块。②荔枝、山药块和莲子放入锅中, 加适量清水煮熟。

营养功效: 温补脾肾、敛肠止泻, 常用来治疗五更泻。

③ 荔枝粥

原料: 荔枝 50 克, 粳米 80 克。

做法: ①荔枝去壳, 去核; 粳米洗净, 浸泡 30 分钟。②将荔枝、粳米放入锅中, 加适量清水, 熬煮成粥。

营养功效: 开胃增食、补气益力, 适宜阴血不足、体质虚弱者。

本草附方

- 水痘发出不畅: 荔枝肉浸酒饮, 并吃荔枝肉。忌生冷。
- 打嗝不止: 荔枝 7 个, 连皮核烧存性, 研末, 沸水调服。
- 风牙疼痛: 用荔枝连同壳烧存性, 研成末, 擦在牙痛处。

小偏方大功效

- 支气管哮喘: 荔枝干 25 克。沸水冲泡 5 分钟后饮用。
- 小儿遗尿: 每日吃荔枝干 5 个, 常吃可见效。
- 益气补血: 荔枝干、粳米各适量。加清水煮粥, 经常饮用。
- 安神健脑: 荔枝肉 50 克, 莲子 30 克。用水煎服。
- 消肿解毒: 荔枝干 5 个, 海藻、海带各 15 克。用水煎服。

石榴

性温

味甘、酸、涩

吃完漱口：石榴吃多了会令牙齿发黑，吃完后要及时漱口或刷牙。

石榴成熟后，全身都可用，果皮可入药，果实可食用或榨汁。石榴也具有良好的抑菌作用，秋季适量吃些石榴，有助于强身健体。

养生功效

《本草纲目》记载：石榴治咽喉燥渴，酸石榴治赤白痢、腹痛。另外石榴的营养丰富，含有多种人体所需的营养成分，具有促消化、抗胃溃疡、软化血管、降血糖、降低胆固醇等多种作用。

人群推荐

✔儿童：适量食用石榴，对治疗儿童腹泻有益。

✔男性：能辅助治疗男性遗精及前列腺肥大等症。

✘ 便秘、糖尿病患者：石榴含糖量高并有收敛作用。

营养成分（以每100克可食部计）

荔枝中的含糖量高且富含维生素 C，有补充能量、增加营养、提高免疫力的作用。

营养素	含量	营养素	含量
蛋白质（克）	1.3	维生素 E（毫克）	3.72
脂肪（克）	0.2	钙（毫克）	6
碳水化合物（克）	18.5	磷（毫克）	70
膳食纤维（克）	4.9	钾（毫克）	231
维生素 B$_1$（毫克）	0.05	钠（毫克）	0.7
维生素 B$_2$（毫克）	0.03	镁（毫克）	16
维生素 C（毫克）	8.0	锌（毫克）	0.19

小偏方大功效

● 腹泻：石榴皮 15 克，用水煎服。

● 肺结核、咳嗽：酸石榴 1 个。睡前服用。

● 增加食欲：酸石榴皮 5 克，生山楂 10 克。共研细末，分 2 次，用红糖冲沸水送服。

● 促进消化：石榴皮、猪瘦肉各 30 克。石榴皮洗净切碎，猪瘦肉切成肉丁，一起放入锅中加清水煮熟，饮汤食肉。

养生食谱

① 石榴西米粥

原料：石榴 150 克，西米 50 克，糖桂花 3 克。

做法：①石榴去皮，取子掰散。②锅中加入冷水、石榴子，烧沸约 15 分钟后，滤去渣，加入西米，待米熟后调入糖桂花。

营养功效：石榴西米粥适宜女性食用，可使面色红润，并能清除肠道垃圾。

② 苹果石榴煎

原料: 苹果 2 只, 酸石榴 1 个(留皮)。

做法: ①苹果、酸石榴放入水中, 浸泡 30 分钟, 反复将外表皮洗净, 取出, 将苹果削皮后(苹果皮勿弃), 切成小块。②石榴剥皮(石榴皮勿弃)脱粒后, 连石榴隔膜及石榴皮(切碎)、苹果块和苹果皮一同放入砂锅。③加适量水, 煎煮 1 小时。可以喝汤汁, 吃苹果块, 嚼食石榴粒及石榴皮。

营养功效: 养阴生津、清肠止泻。

③ 石榴香蕉汁

原料: 石榴 1 个, 葡萄柚 1 个, 香蕉 1 个, 草莓 2 个, 冰块适量。

做法: 将上述食材洗净, 取肉, 放入榨汁机内, 榨汁后加入冰块。

营养功效: 葡萄柚可清火, 石榴、葡萄柚、香蕉三者榨汁同饮具有清热消暑的功效, 非常适合在夏季常饮。

④ 石榴皮红糖茶

原料: 石榴皮 1~2 片, 红糖适量。

做法: 用沸水冲泡石榴皮, 再加适量红糖拌匀。

营养功效: 强心补气、杀菌止泻。

痔疮便血人群可以每天饮石榴皮红糖茶。

{性冷} 山楂 味酸

> 不要空腹吃山楂：尽量不要空腹吃山楂，容易导致胃酸过多。

山楂又称山里红，是我国特有的药果兼用食物。果肉为白中带红或白中带绿，皮薄，味酸，内有坚硬的果核，可鲜食，也可制成干果或糕点、零食食用。

主要营养成分（以每100克可食部计）

营养素	碳水化合物（克）	维生素C（毫克）	维生素E（毫克）
含量	25.1	53.0	7.32

养生功效

《本草纲目》记载：山楂能消食积，补脾，治小肠疝气，发小儿疮疹，健胃，通结气。另外，山楂所含的黄酮类和维生素C、胡萝卜素等物质能阻断并减少自由基的生成，增强机体的免疫力，有防衰老、抗癌的作用。

人群推荐

✔产妇：山楂能辅助治疗产后恶露不尽。

✔儿童：山楂有开胃、助消化的功效，可治疗小儿厌食症。

✔肥胖者：山楂有降血脂和减肥的作用。

✘孕妇：山楂有破血散瘀的作用，容易导致流产。

搭配推荐

• 白糖+山楂：可降低血脂，改善消化功能，增加食欲。

本草附方

• 老人腰痛及腿痛：取山楂、炙鹿茸等量研末，做成梧子大小的蜜丸，每次吃100丸，每天2次。

小偏方大功效

• 小儿痘疹不出：山楂晒干，研末，用温沸水送服。

• 产后瘀血痛：山楂加水煎汤，用红糖调服。

• 消化不良：山楂晒干，研末，加适量红糖，沸水冲。每日3次。

• 化食消积：山楂、炒麦芽各10克。水煎服，每日2次。

• 清热降压：山楂、草决明各15克，菊花3克。用沸水冲泡，饮用，每日数次。

养生食谱
山楂红糖饮

原料：山楂、红糖各30克。

做法：①山楂洗净，切成薄片。②锅中注入适量清水，放入山楂片，大火熬煮至烂熟，再加入红糖稍微煮一下。

营养功效：有补气血、降血压的功效，在山楂红糖饮中加一点益母草，还有活血散瘀的功效。

樱桃

性热 味甘

挑选技巧：樱桃应挑选果粒较大、有鲜绿色果蒂的，果皮的表面色彩要红艳有光泽。

樱桃色泽鲜艳，红如玛瑙，黄如凝脂，果皮闪着光泽，果肉鲜美多汁，酸甜可口，常被用来当作糕点、饮品的配饰。

主要营养成分（以每100克可食部计）

营养素	碳水化合物（克）	磷（毫克）	钾（毫克）
含量	9.9	27	232

养生功效

《本草纲目》记载：樱桃可调中，益脾气，养颜，止泄精、水谷痢。另外樱桃含铁量高，常食可补充身体对铁元素的需求，促进血红蛋白再生，既可防治缺铁性贫血，又可增强体质，健脑益智。

人群推荐

✔ **爱美人士**：常食樱桃有去皱消斑、美容养颜的功效。

✔ **儿童**：常食樱桃可补铁，防治儿童缺铁性贫血。

✘ **便秘患者**：吃樱桃容易上火，使大便干燥。

搭配推荐

• **哈密瓜 + 樱桃**：二者同食可促进人体吸收铁，使脸色红润，预防贫血。

• **盐 + 樱桃**：二者同食能维持人体的酸碱值平衡。

小偏方大功效

• **风湿腰腿痛**：鲜樱桃 1000 克，威灵仙 30 克，独活 50 克，共泡入酒，1 个月后食用樱桃。每次 10 枚，每日两次。

• **咽喉肿痛**：鲜樱桃捣烂挤汁，内服。

• **活血止痛**：樱桃 500 克，米酒 1 000 毫升。樱桃洗净置坛中，加米酒浸泡，密封，每隔 2 日搅动 1 次，15~20 天即可。每日早晚各饮 50 毫升。

养生食谱
银耳樱桃粥

原料：水发银耳 30 克，樱桃 10 个，粳米 50 克。

做法：①粳米洗净，加清水熬煮成粥。②水发银耳，洗净，撕小朵；樱桃洗净，去核。③将银耳和樱桃放入粥中，熬煮片刻，关火。

营养功效：适用于气虚血虚、皮肤粗糙干皱者，常食可使人肌肉丰满，皮肤嫩白光润。

性平 味甘

大枣又称红枣，与李、杏、桃、梅并称为"五果"。果实呈椭圆形，未成熟时呈黄绿色，成熟后呈褐红色，可鲜食，也可制成干果或蜜饯果脯等。生枣性热，不宜多食；干枣性平，经常吃有延年益寿的功效。

养生功效

《本草纲目》记载：大枣主治心腹邪气，安中，养脾气，平胃气，通九窍，助十二经，补少气、少津液、身体虚弱，能治疗大惊、四肢重，调和各种药物。

人群推荐

✔女性：大枣是补血佳品，还能美容。

✘ 水肿患者：大枣多吃易生湿，湿积于体内，水肿的情况会更严重。

✘ 糖尿病患者：大枣含糖量高。

搭配推荐

• 牛奶 + 大枣：二者搭配食用可为人体提供丰富营养，具有补中益气、安眠的作用。

• 西红柿 + 大枣：二者同食能够补虚健胃、益肝养血。

• 桂圆 + 大枣：二者搭配有补血安神、养心的功效。

大枣含有铁、钙以及黄酮类物质，有镇静降压的作用，有利于治疗心神不宁、失眠等症状。

营养成分（以每 100 克可食部计）

大枣的维生素 C 含量较高，鲜枣的维生素 C 含量更高。

营养素	含量	营养素	含量
蛋白质（克）	3.2	钙（毫克）	64
碳水化合物（克）	67.8	磷（毫克）	51
膳食纤维（克）	6.2	钾（毫克）	524
维生素 C（毫克）	14.0	镁（毫克）	36

养生吃法

枣皮中含有丰富的营养成分，炖汤时应连皮一起烹调。枣虽然可以经常食用，但一次不要食用过多，过多食用大枣会引起胃酸过多和腹胀，有损消化功能，引发腹泻。

养生食谱

① 枣莲猪骨汤

原料：大枣 10 个，猪脊骨 300 克，莲子 100 克，木香 3 克，甘草 10 克，盐适量。

做法：①猪脊骨洗净，剁小块；莲子、大枣分别洗净，去心、去核；木香、甘草用纱布包好。②上述材料一同放入锅内，加适量清水，小火炖 3 小时，加盐调味。

营养功效：补中益气、补脾养血。

芪枣枸杞子茶可补气血、滋养肝肾、调理脾胃，不过感冒、发烧、腹泻、上火的人不适宜喝。

本草附方

● 调和胃气：将干枣肉烘燥后，捣成末，加少许生姜末，用白开水冲开服用。

小偏方大功效

● 无痛尿血：大枣 6 个，水煎代茶饮。

● 过敏性紫癜：每次吃大枣 10 个，每日 3 次。

● 高血压：芹菜、大枣各适量，用水煎服。

● 健脾胃，补气血：大枣 10 个，粳米 100 克，同煮粥，用冰糖或白糖调味食用。

② 芪枣枸杞子茶

原料：大枣 6 个，黄芪 5 克，枸杞子适量。

做法：①黄芪、大枣分别洗净，然后放入冷水锅中。②烧沸，改小火再煮 10 分钟，滤出汁，加入枸杞子，再煮一两分钟。

营养功效：强身健体，适合体虚自汗症患者，也可以美容养颜。

③ 三元汤

原料：大枣 10 个，莲子 15 克，桂圆 12 克，白糖适量。

做法：①莲子洗净，用清水浸泡 2 小时。②莲子与洗净的大枣一同放入锅中，加清水小火煎煮 20 分钟，放入桂圆，待煮至汤浓时，加入白糖调匀。

营养功效：温补气血、养心安神、增强体质。

④ 豆浆大枣粥

原料：大枣 10 个，粳米 50 克，豆浆 200 克。

做法：①大枣洗净，去核；粳米洗净，用清水浸泡 30 分钟。②锅内注入适量清水，将粳米放入后，大火烧沸，转小火熬至粳米绵软，加入豆浆和大枣，小火慢煲至豆浆烧沸，粥浓稠。

营养功效：益气补虚、宁神安眠。

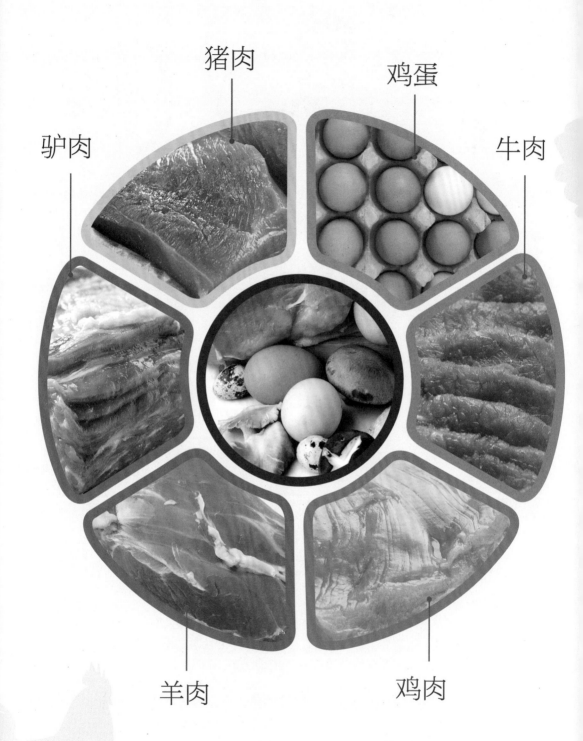

驴肉 　 猪肉 　 鸡蛋 　 牛肉

羊肉 　 鸡肉

第五章 肉蛋禽篇

　　很多人认为,食素更有益健康。其实,长期只吃素食不仅不能纤体和保护心血管,还会营养失衡。肉、禽、蛋、乳同蔬菜、水果一样,对人体的健康起着不可替代的作用。它们是人体获取优质蛋白质和脂肪的主要来源,只有科学地平衡饮食才能健康长寿。

猪肉又称豚肉，是餐桌上常见的肉食，相比于牛肉，猪肉的蛋白质含量比较低，脂肪含量却相对较高，纤维较为细软，可炒食、炖食，能提供人体必需的氨基酸。

养生功效

《本草纲目》记载：猪肉可治疗狂病经久不愈，可压丹石，解热毒，补肾气虚竭。另外，猪肉为人类提供优质蛋白质和必需的脂肪酸，猪肉中的蛋白质能满足人体生长发育的需要，尤其是瘦肉的蛋白质可补充豆类蛋白质中必需氨基酸的不足。猪肉还可提供血红素（有机铁）和促进铁吸收的半胱氨酸，能改善缺铁性贫血。

人群推荐

✔女性：猪皮、猪蹄中含有丰富的胶原蛋白和弹性蛋白，可滋阴养血、滋润皮肤。

✔儿童：猪肉能改善儿童缺铁性贫血的症状。

搭配推荐

• 圆白菜＋猪肉：二者同食有助于恢复肌肤弹性，预防黑斑和雀斑生成，消除疲劳，提高免疫力。

• 萝卜＋猪肉：可保健脾胃、解除酒后不适、增强抵抗力。

正常的猪肉呈淡红或者鲜红色，表面微干或稍微潮湿，用手指按压，弹性好、不黏手。

营养成分（以每100克可食部计）

猪肉所含的脂肪可提供人体所需要的热量。

营养素	含量	营养素	含量
蛋白质（克）	15.1	磷（毫克）	121
脂肪（克）	30.1	钾（毫克）	218
胆固醇（毫克）	86	钠（毫克）	56.8
钙（毫克）	6	镁（毫克）	16

养生吃法

猪肉经长时间炖煮后，脂肪会减少30%~50%，不饱和脂肪酸增加，胆固醇含量大大降低。烹调前不要用热水清洗，因为猪肉中含有一种叫肌溶蛋白的物质，在15℃以上的水中易溶解，故当其置于热水中浸泡时会流失营养。

养生食谱

① 黑芝麻猪肉汤

原料： 猪瘦肉 250 克，黑芝麻 60 克，胡萝卜 40 克，盐、葱花、姜丝、香油各适量。

做法： ①黑芝麻洗净；猪瘦肉洗净，切成小块，胡萝卜洗净，切小块。②猪瘦肉、黑芝麻、胡萝卜放入锅中，加入适量清水，大火烧沸，小火慢煲 50 分钟，放入盐、葱花、姜丝和香油略煮。

营养功效： 可补气益血、抗衰老。

莴苣猪肉粥主要缓解食欲不振、大便秘结、消化不良、食积停滞等病症。

② 莴苣猪肉粥

原料：莴苣30克，粳米80克，猪肉150克，酱油、盐、香油、葱花各适量。

做法：①莴苣去皮，洗净，切细丝；猪肉洗净，切末，加酱油、盐，腌10~15分钟。②锅中注入适量清水，放入粳米烧沸，加莴苣丝、猪肉末，煮至米烂时，加盐、香油、葱花搅匀。

营养功效：补益五脏，养阴清热。

③ 百合炒肉

原料：猪里脊肉100克，鲜百合50克，盐、蛋清、淀粉各适量。

做法：①猪里脊肉洗净，切片；鲜百合洗净，掰瓣。②百合、肉片用盐和蛋清抓匀，加淀粉搅拌均匀。③锅中放油烧热后，放入备好的肉片、百合，翻炒至熟，加盐调味。

营养功效：清心安神，化痰止咳。

本草附方

● 心虚自汗失眠：取猪心1个，带血剖开，放入人参、当归各2两，扎好后煮熟，去药后食。

● 心区疼痛：猪心1个，放入胡椒少许，同盐、酒煮熟后食。

● 肾阳虚衰腰痛：猪肾1个，去筋膜，切片，用椒、盐淹去腥水，加入杜仲末3钱，用荷叶包好煨熟，用酒服送。

小偏方大功效

● 妇女缺乳：猪蹄2只，花生200克，盐适量，小火炖至烂熟，佐餐食用。

● 咳嗽：猪肉切成短条，猪油煎熟吃下。

● 肝热目赤：猪肝1个。切成薄片，水洗净，煮熟调味食用。

● 补肺脾气虚：山药、板栗各50克，猪瘦肉100克。加清水炖汤。每日2次，连服15天。

● 润肠通便：罗汉果、猪瘦肉各适量。加清水煮汤。

牛肉

性温　　味甘

牛肉有黄牛肉、水牛肉之分。黄牛肉性温，水牛肉性平。牛肉色鲜红，可炒食、炖食、烤食和涮火锅，味道鲜美，有"肉中骄子"的美称。

养生功效

《本草纲目》记载：黄牛肉可安中益气，养脾胃，强身补益，消渴止涎。另外，牛肉所含的蛋白质能提高机体抗病能力，更适合身体虚弱的病人补血养血、修复组织。

人群推荐

✔产妇：牛肉能滋阴养血、修复组织，适合产妇食用。

✔学生：牛肉中的肌氨酸有助于大脑发育。

✔癌症患者：牛肉可用于癌症术后、放化疗后的健体补虚。

✘食用注意：病牛肉禁食。

搭配推荐

• 洋葱＋牛肉：二者同食可消除疲劳，帮助集中注意力，并有护肤效果。

• 青椒＋牛肉：有维持毛发、肌肤和指甲健康的功效，并可预防动脉硬化。

营养成分（以每 100 克可食部计）

牛肉含有多种人体必需氨基酸，且比例均衡，易于被人体吸收。

营养素	含量	营养素	含量
蛋白质（克）	20.0	钙（毫克）	5
脂肪（克）	8.7	磷（毫克）	182
碳水化合物（克）	0.5	钾（毫克）	212
胆固醇（毫克）	58	钠（毫克）	64.1
维生素 A（微克）	3	镁（毫克）	22
维生素 B_1（毫克）	0.04	锌（毫克）	4.7
维生素 B_2（毫克）	0.11	硒（微克）	3.15

养生吃法

要横切：牛肉的纤维组织较粗，结缔组织较多，应横切，将长纤维组织切断；不能顺着纤维组织切，否则不仅没法入味，还嚼不烂。

养生食谱

① 罐焖牛肉

应挑选色泽鲜红、肉质紧实的牛肉。

原料：牛肉 350 克，胡萝卜、芹菜各 100 克，番茄酱、盐、大料、葱段、姜片、料酒、酱油各适量。

做法：①胡萝卜洗净，切块；芹菜洗净，切段；牛肉洗净，切块，氽去血水。②砂锅中放牛肉、大料、葱段、姜片、料酒、酱油、水，大火烧沸，转小火炖至肉烂，加入胡萝卜、芹菜、盐、番茄酱，煮至食材全熟。

营养功效：补中益气、增强体质。

甜椒牛肉适宜怀孕期间的孕妇，补血又补铁，对缺铁性贫血有很好的辅助治疗作用。

用食物
养身体

本草附方

● 腹中积癖：黄牛肉1斤，恒山3钱，一同煮熟，食肉饮汤。

小偏方大功效

● 虚弱少气、脾虚：牛肉500克，糯米60克，白萝卜60克，适量葱、姜、盐，煮粥食用。

● 健脾消水肿：牛肉、蚕豆各150克，煮熟食用。

● 温中和胃，补益脾肾：韭菜250克，姜25克，切碎后绞汁，与250克牛奶同煮，沸腾后热服。

② 甜椒牛肉

原料： 牛肉、甜椒各200克，盐、蒜、水淀粉、料酒各适量。

做法： ①牛肉洗净，切片，加入盐、料酒搅拌均匀；甜椒洗净，切块；蒜去皮，洗净。②油锅烧热，放甜椒炒至断生，盛出。③牛肉片倒入锅中炒散，放入甜椒、蒜炒出香味，加盐，用水淀粉勾芡。

营养功效： 能够增进食欲，补充体力。

③ 百合炒牛肉

原料： 牛肉250克，百合150克，酱油、蚝油、各适量。

做法： ①牛肉洗净，切成薄片，放入碗中，用酱油、蚝油抓匀，倒入油，腌20分钟以上。②锅中放油烧热后，倒入牛肉，大火快炒，加入洗净的百合翻炒至牛肉变色。

营养功效： 健脾和胃、清热安神。

羊肉

性大热　味苦、甘

羊肉在古时被称为羖（gǔ）肉、羝（dī）肉、羯肉，有山羊肉、绵羊肉、野羊肉之分。羊肉肉质比猪肉肉质细嫩，但肉膻味较浓。常被用来炒食、烤食、炖食和涮火锅。

养生功效

《本草纲目》记载：羊肉可缓中，治疗月子病、虚劳寒冷，可补中益气、安心止惊。寒冬常吃羊肉可益气补虚，促进血液循环，增强御寒能力。

人群推荐

✔老人：常食羊肉可缓解老人耳鸣眼花、腰膝无力。

✔男性：羊肉有助元阳、补精血的作用，可补肾壮阳。

✘ 食用注意：外感时邪或有宿热者禁服。孕妇不宜多食。

搭配推荐

● 鸡蛋 + 羊肉：减缓衰老。

● 生姜 + 羊肉：补阳生暖。

● 莲藕 + 羊肉：助元阳，益虚劳，润肺补血。

营养成分（以每 100 克可食部计）

羊肉含有丰富的蛋白质、维生素和矿物质，营养丰富。

营养素	含量	营养素	含量
蛋白质（克）	18.5	钙（毫克）	16
脂肪（克）	6.5	磷（毫克）	161
碳水化合物（克）	1.6	钾（毫克）	300
胆固醇（毫克）	82	钠（毫克）	89.9
维生素 A（微克）	8	镁（毫克）	23
维生素 B$_1$（毫克）	0.07	铁（毫克）	3.9
维生素 B$_2$（毫克）	0.16	硒（微克）	5.95

养生吃法

羊肉还可增加消化酶，保护胃壁，帮助消化。羊肉含有易吸收的铁，儿童适量食用可预防缺铁性贫血。炖羊肉的时候，不妨在锅里加入切成小块的甘蔗，能去除羊肉的膻味。

养生食谱

羊肉性热，适宜冬季食用。

❶ 山药羊肉粥

原料：羊肉 100 克，山药 50 克，粳米 150 克，盐适量。

做法：①羊肉洗净，切片，加清水煮至熟烂；山药去皮，洗净，切块；粳米淘洗干净。②粳米、山药放入锅中，加入适量清水，同煮成粥，出锅前放入煮熟的羊肉，加盐调味。

营养功效：有助于缓解阳痿、早泄等症。

当归生姜羊肉煲有活血补血、温中散寒、润肠通便的功效，适宜体质虚寒的人日常食用。

本草附方
● 五劳七伤: 肥羊腿 1 只，密盖煮烂，取汤服，并食肉。

小偏方大功效
● 产后腹痛，脘腹冷痛: 羊肉 300 克，当归 20 克，生姜 10 克，加水炖至肉熟烂，加少许胡椒粉、盐调味，食肉喝汤。
● 阳痿遗精、月经不调: 羊肉 150 克，粳米、姜片各适量。煮粥食用。
● 通乳: 羊肉 200 克，猪蹄 1 只，黄芪 30 克。煮汤食用。每日一两次，连服 7 天。

② 当归生姜羊肉煲

原料: 羊肉 500 克，生姜 30 克，当归 2 克，葱段、盐、料酒各适量。

做法: ①羊肉洗净，切块，氽去血沫; 生姜洗净，切片; 当归洗净，在热水中浸泡 30 分钟。②羊肉块放入锅内，加入生姜片、当归、料酒、葱段和泡过当归的水，小火煲 2 小时，加盐调味。

营养功效: 补血益气、温中暖肾。

③ 银鱼羊肉粥

原料: 粳米、白萝卜各 100 克，银鱼干、熟羊肉各 50 克，葱末、姜末、盐各适量。

做法: ①白萝卜洗净，和熟羊肉一起切丝; 银鱼干拣尽杂质，清洗干净。②锅内加入适量清水，放入粳米，大火烧沸，加入白萝卜丝、羊肉丝、银鱼干、盐、葱末、姜末，同煮至粥稠。

营养功效: 补充热量、帮助消化。

驴肉

性凉 味甘

烹饪技巧：制作驴肉时加些苏打水能够去腥。

驴善于驮负重物，分褐、黑、白三种，药用价值以黑驴之肉为最佳。驴肉炒食、煮食、烤食均可。

主要营养成分（以每100克可食部计）

营养素	蛋白质（克）	脂肪（克）	胆固醇（毫克）
含量	21.5	3.2	74

养生功效

《本草纲目》记载：驴肉可解心烦，止风狂。治忧愁不乐，能安心气。驴肉不仅肉质鲜香细嫩，味美可口，而且有极高的营养价值。驴皮熬成胶食用（阿胶），有很好的滋补强壮、补血养颜作用。

人群推荐

✔心血管疾病患者：驴肉是高蛋白、低脂肪、低胆固醇肉类，对心血管疾病患者有很好的补益作用。

✔男性：驴肉有益肾壮阳、强筋壮骨的功效。

✘食用注意：病驴的肉禁食。孕妇忌食。

搭配推荐

• 枸杞子＋驴肉：一起煲汤服食，可疏肝理气、养心安神，适用于忧郁及更年期综合征等症状。

• 粳米＋驴肉：可补虚养身、补血益气。

• 大枣＋驴肉：二者搭配适合气血不足、食少乏力、体瘦者食用。

本草附方

• 中风头眩：黑驴头1个，用豉汁煮熟食用。

小偏方大功效

• 心神不宁：驴肉炖汤饮。

• 补益气血：驴肉250克，山药50克，大枣10个，煮汤食用。

养生食谱
五香酱驴肉

原料： 驴肉1 000克，酱油200克，甜面酱30克，盐5克，白糖7克，葱段、姜片各10克，高汤适量，香料包1个（内装花椒、桂皮各5克，丁香、砂仁、白芷、八角各3克）。

做法： ①驴肉洗净，切成4块，放入锅中汆透，捞出放入凉水中。②锅内放入高汤、酱油、甜面酱、盐、白糖、葱段、姜片、香料包，烧沸20分钟，做酱汤。③驴肉放入酱锅内，大火烧沸，改小火酱至驴肉酥烂，捞出。

营养功效： 驴肉营养丰富，常食能补虚养身、补血益气。

鸭肉

{ 性冷 }　味甘

老鸭更入药：肥嫩的当年鸭味道好，但老鸭的药效更高。

鸭肉是许多美味名菜的主要原料，其蛋白质含量要比畜肉高很多，脂肪含量适中且分布较均匀，适用于滋补，可炒、炖，也可煲汤。

主要营养成分（以每100克可食部计）

营养素	维生素 B_3（毫克）	脂肪（克）	胆固醇（毫克）
含量	4.20	19.7	94

养生功效

　　《本草纲目》记载：鸭肉可补虚，除热，调和脏腑，通利水道，能治疗小儿惊痫，解丹毒，止热痢，生肌敛疮。另外，鸭肉富含不饱和脂肪酸，有助于保护心脑血管。

人群推荐

✔ 产妇：常吃鸭肉可改善产后无乳和乳汁少的状况。

✘ 脾胃虚弱者：鸭肉性冷。

搭配推荐

● 生姜 + 鸭肉：二者同食可促进血液循环。

● 山药 + 鸭肉：可健脾止渴、固肾益精。

本草附方

● 大腹水病：用青头雄鸭煮汁饮用，盖上被子捂汗。

小偏方大功效

● 慢性肾炎水肿：3 年以上绿头老鸭 1 只，大蒜适量。将大蒜纳入鸭腹，煮至烂熟食用。

● 滋阴养胃：鸭 1 只，猪蹄 2 只。煮汤食用。

● 利水消肿：鸭肉适量切片，粳米 100 克，葱白 3 段。煮粥。

养生食谱
鸭肉冬瓜汤

原料： 鸭子 1 只，冬瓜 500 克，姜片、盐各适量。

做法： ①冬瓜洗净，去皮，切小块。②鸭子洗净，放冷水锅中大火煮约 10 分钟，捞出，冲去血沫，切块，放入锅中，倒入足量清水大火烧沸。③水开后放入姜片，略微搅拌后转小火煲 1 小时，关火前 10 分钟倒入冬瓜煮软，调入盐调味。

营养功效： 鸭肉冬瓜汤能解暑热，鸭肉清热、冬瓜利尿，做汤有滋阴养肝、健脾利湿的功效。

鸡肉

性微温　味甘

鸡肉是餐桌上最常见的禽肉之一，肉质细嫩，脂肪含量少，可炒、炖、凉拌和煲汤。鸡肉中的蛋白质容易被人体吸收，也是磷脂的重要来源，有增强体力、强壮身体的作用。

养生功效

《本草纲目》记载：鸡的种类很多，各地均有，大小、形色各异。丹雄鸡肉味甘，性微温，可治女人崩中漏下；白雄鸡肉味酸，性微温，有下气、疗狂邪、安五脏、伤中消渴的作用；黑雌鸡肉味甘、酸，性温、平，可治风寒湿痹、五缓六急，有安胎作用。

人群推荐

✔女性：鸡肉可治疗妇女崩漏带下，产后缺乳等症。

✔儿童：鸡肉含有磷脂，经常食用有助于改善儿童营养不良。

✔老人：老人常吃鸡，可健脾胃、活血脉。

✘食用注意：实证、邪毒未清者慎用。

搭配推荐

• 红小豆 + 鸡肉：可补肾滋阴、补血明目，还有活血利尿、祛风解毒、活血泽肤等作用。

• 青椒 + 鸡肉：可防止动脉硬化，消除疲劳，减轻压力，维持毛发、肌肤和指甲的健康。

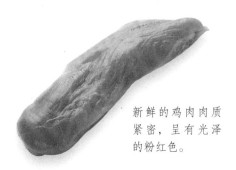

新鲜的鸡肉肉质紧密，呈有光泽的粉红色。

营养成分（以每100克可食部计）

鸡肉含有对人体生长发育有重要作用的磷脂，是中国人膳食结构中蛋白质和磷脂的重要来源之一。

营养素	含量	营养素	含量
蛋白质（克）	20.3	钙（毫克）	13
脂肪（克）	6.7	磷（毫克）	166
碳水化合物（克）	0.9	钾（毫克）	249
胆固醇（毫克）	106	钠（毫克）	62.8
维生素A（微克）	92	镁（毫克）	22
维生素B$_1$（毫克）	0.06	铁（毫克）	1.8
维生素B$_2$（毫克）	0.07	硒（微克）	11.92

养生吃法

乌鸡有滋补功效，体虚血亏、肝肾不足、脾胃不健的人群更适宜饮用乌鸡汤。

鸡屁股是淋巴最为集中的地方，也是储存病菌、病毒和致癌物的仓库，应弃掉不要。

养生食谱

1 鸡肉洋葱饭

原料：鸡肉350克，洋葱100克，土豆80克，胡萝卜50克，盐、番茄酱、米饭各适量。

做法：①鸡肉洗净，切丁；土豆、胡萝卜、洋葱洗净，去皮，切丁。②油锅烧热，放入鸡丁、土豆丁、胡萝卜丁、洋葱丁翻炒，加水，转小火煮至土豆绵软，加入番茄酱、盐，淋在米饭上。

营养功效：发散风寒，增强身体抗寒能力。

核桃桂圆鸡丁具有补肾健脾、养血安神、益智等作用，适宜老年人、孕妇、脑力劳动者日常食用。

本草附方

- 补益虚弱：乌雄鸡 1 只，和五味子煮烂食用。
- 反胃吐食：用乌雄鸡 1 只，腹中装入半斤香菜籽，煮熟食用。

小偏方大功效

- 营养不良、贫血：鸡 1 只，去毛及内脏，与粳米适量煮粥食用。
- 健脾胃：鸡 1 只，去毛及内脏，水发冬菇 20 克，隔水蒸熟食用。
- 活血脉、强筋骨：鸡 1 只，去毛及内脏，红小豆 60 克纳入鸡腹中，以竹签封鸡腹，加水煲熟。

❷ 核桃桂圆鸡丁

原料： 核桃仁、桂圆肉各 30 克，鸡肉 350 克，料酒、淀粉、酱油、葱花、姜丝、胡椒粉、盐各适量。

做法： ①鸡肉洗净，切丁，用料酒、淀粉、酱油拌匀。②锅中放油烧热后，下姜丝、葱花爆香，放入鸡丁煸炒至变色，加入核桃仁、桂圆肉、胡椒粉，炒至熟时，加盐调味。

营养功效： 益气活血、补肾健脾、养心安神。

❸ 松子爆鸡丁

原料： 鸡肉丁 250 克，鸡蛋 1 个，松子、核桃仁各 20 克，葱末、盐、料酒、酱油、白糖各适量。

做法： ①鸡肉丁加入盐、料酒、酱油、鸡蛋液抓匀。②油锅烧热，倒入鸡肉丁滑熟，捞出。③锅内留油，放入核桃仁、松子炒熟，再放入葱末、盐、酱油、白糖、鸡肉丁翻炒均匀。

营养功效： 具有健脑益智、养血补气的作用。

鸡蛋

性平　味甘

鸡蛋又称鸡卵、鸡子，是母鸡所产的卵，含有丰富的营养。蛋壳颜色虽然有别，但所含营养基本相同。鸡蛋可煮食、蒸食、炒食，也可用来做汤。

养生功效

《本草纲目》中记载：鸡蛋镇心，安五脏，止惊安胎。另外，鸡蛋所含营养丰富，营养学家称之为"完全蛋白质模式"。

人群推荐

✔学生：蛋黄中的卵磷脂能提高记忆力。

✔体弱多病患者：鸡蛋可以提高免疫力。

✔肝病患者：蛋黄中的卵磷脂可促进肝细胞再生，对肝脏有修复作用。

✘食用注意：有痰饮积滞或宿食内停者，脾胃虚弱者不宜过多食用，多食则令人闷满；老人宜少食蛋黄。

搭配推荐

● 西红柿 + 鸡蛋：有益人体营养均衡，更具有健美及抗衰老的良好功效。

● 丝瓜 + 鸡蛋：能消除体内燥热，同时有补血功效，适合孕妇及贫血的人食用。

建议一天吃一个鸡蛋。

营养成分（以每 100 克可食部计）

鸡蛋中含有丰富的蛋白质、脂肪等人体所需的营养物质。

营养素	含量	营养素	含量
蛋白质（克）	13.1	磷（毫克）	130
脂肪（克）	8.6	钾（毫克）	154
碳水化合物（克）	2.4	钠（毫克）	131.5
钙（毫克）	56	镁（毫克）	10

养生吃法

鸡蛋的营养含量与蛋壳的颜色没有关系，那种认为红壳鸡蛋比白壳鸡蛋营养更丰富的观点是没有科学道理的。鸡蛋烹饪以水煮蛋营养流失最少，煎蛋虽然美味，但营养吸收率不及煮蛋，而且如果火太旺的话，吸收率更低。

养生食谱

1 黄花鸡蛋汤

原料：鸡蛋 2 个，干黄花菜 100 克，葱丝、姜丝、料酒、盐各适量。

做法：①干黄花菜泡发，择洗干净，切段；鸡蛋加盐、料酒搅打均匀。②油锅烧热，放入葱丝、姜丝，煸炒出香味，倒入黄花菜，加料酒、盐及清水，烧沸后倒入打好的蛋液。

营养功效：清热利尿、止血除烦。

菠菜炒鸡蛋可以补充营养、增强免疫力、促进排便,一般人群均可食用,尤其适合身体虚弱、营养不良的人群。

本草附方

● 心气作痛:取鸡蛋1个,打破,调入2合醋,加热后喝下。

● 身体发热:取鸡蛋3个,白蜜1合,一起吃下。

小偏方大功效

● 气虚无力、四肢不温:大枣15个,桂圆干25克,加水煮至枣烂熟,将2个鸡蛋打散冲入汤中,稍煮,加适量红糖服用。

● 调经养血、活血止痛:当归10克,红糖30克,加水煎煮,待其煮开3~5分钟后,打入鸡蛋2个,煮至鸡蛋断生即可食用。

❷ 菠菜炒鸡蛋

原料:菠菜300克,鸡蛋2个,葱丝、盐各适量。

做法:①菠菜洗净,切段,用沸水稍焯一下。②锅中放油烧热后,鸡蛋炒熟盛盘。③锅中再放油烧至七成热时,用葱丝炝锅,然后倒入菠菜翻炒,放鸡蛋,加盐,翻炒均匀。

营养功效:健脾、开胃,糖尿病患者食用有助于稳定血糖。

❸ 鸡蛋家常饼

原料:鸡蛋4个,面粉500克,盐、葱花各适量。

做法:①面粉放入盆内,加入鸡蛋、适量温水,和成面团,放置10分钟后揉匀,擀成薄片,刷油,撒盐、葱花,卷成长条状的卷,将面卷用刀切成段,把每段盘成圆形,擀成圆饼。②平底锅中加油烧热,放饼,烙成金黄色取出。

营养功效:可养心安神。

❹ 百合炒鸡蛋

原料:鸡蛋3个,百合150克,盐、白糖、胡椒粉各适量。

做法:①百合洗净,切片,焯水后捞出,沥干水分;鸡蛋打散。②油锅烧热,将鸡蛋下锅炒散,然后放入百合,加入盐、白糖、胡椒粉,翻炒均匀,出锅装盘。

营养功效:滋阴润燥、清心安神。

虾

鲤鱼

蛤蜊

螃蟹

海带

鱿鱼

第六章 水产篇

　　鱼、虾、蟹、贝类的营养功效是其他食材取代不了的。有些水产品中含铁较高，是幼儿和贫血者的补血佳品；有些水产品含碘丰富，可防治甲状腺肿大；还有一些水产品富含钙和磷，有助于人体骨骼和大脑的发育，对治疗佝偻病、骨质疏松大有裨益。

鲤鱼

性平　味甘

鲤鱼是亚洲原产的温带淡水鱼，肉质紧密，味甜甘美，可炸、煎、糖醋，也可炖食。

养生功效

《本草纲目》记载：鲤鱼煮食，可治咳逆上气、黄疸、口渴，通利小便。另外，鲤鱼的脂肪多为不饱和脂肪酸，可以防治动脉硬化、冠心病。鲤鱼有帮助高血压、高脂血症患者改善病情的作用；鲤鱼中蛋白质易于被人体吸收，也适合脾胃虚弱者和孕产妇食用，对治疗胎动不安、妊娠性水肿等具有一定的作用。

人群推荐

✔孕妇：鲤鱼对孕妇胎动不安、妊娠性水肿有很好的食疗效果。

✔肝病患者：鲤鱼可辅助治疗肝硬化、肝腹水等症。

✘ 免疫疾病患者及血栓闭塞性脉管炎等疾病患者：鲤鱼为发物，易引起旧病复发及过敏反应。

搭配推荐

● 白菜＋鲤鱼：二者含有丰富的营养物质，同食有很好的补益作用。

营养成分（以每 100 克可食部计）

鲤鱼肉质细腻，所含蛋白质为优质蛋白，消化吸收率非常高。

营养素	含量	营养素	含量
蛋白质（克）	17.6	钙（毫克）	50
脂肪（克）	4.1	磷（毫克）	204
碳水化合物（克）	0.5	钾（毫克）	334
胆固醇（毫克）	84	钠（毫克）	53.7
维生素 A（微克）	25	镁（毫克）	33
维生素 B_1（毫克）	0.03	锌（毫克）	2.08
维生素 B_2（毫克）	0.09	硒（微克）	15.38

养生吃法

鲤鱼可用于产后缺乳，煮汤或炖煮要注意少放盐。

养生食谱

1 大枣黑豆炖鲤鱼

原料：鲤鱼 1 条，黑豆 50 克，大枣 30 克，姜片、料酒、盐、胡椒粉各适量。

做法：①鲤鱼剖洗干净，用料酒、姜片腌渍；黑豆放入干锅中，小火炒至豆衣裂开，取出。②鲤鱼、黑豆、大枣一起放入炖盅内，加沸水，隔水炖 3 小时，放入胡椒粉、盐拌匀。

营养功效：适用于肾病水肿、四肢不温等症。

去掉鱼腹两侧的白筋，可以除腥味。

食用翡翠鲤鱼可消水肿、明目、降低胆固醇，鲤鱼富含蛋白质且低脂，对于肥胖人群是一个不错的选择。

用食物养身体

本草附方

● 水肿：用大鲤鱼 1 条，醋 3 升，煮至醋干，食用。
● 咳嗽气喘：用鲤鱼 1 条，去鳞，用纸裹好，炮制至熟，去刺，研成末，同糯米一起煮粥，空腹食用。

小偏方大功效

● 胃痛：鲤鱼 250 克，胡椒、姜片各适量。炖汤喝，每日 1 次。
● 产后乳少：鲤鱼 300 克，粳米适量。共煮粥淡食。
● 强精补肾：鲤鱼 500 克，何首乌 10 克。同煮熟，撒入花椒末、胡椒粉调味食用。

② 翡翠鲤鱼

原料：鲤鱼 1 条，西瓜皮 250 克，茯苓皮 50 克，酱油、醋、盐各适量。

做法：①西瓜皮洗净，削去硬皮，切菱形片；茯苓皮洗净。②锅中放油烧热后，放入鲤鱼稍煎，再加入酱油、醋，加盖稍焖。③加入西瓜皮、茯苓皮、盐和水，用小火焖入味。

营养功效：补虚除湿、清热退黄。

③ 五香鲤鱼

原料：鲤鱼块 500 克，盐、料酒、酱油、葱段、姜片、五香粉各适量。

做法：①鲤鱼块用盐、料酒、酱油拌匀腌 30 分钟。②油锅烧热，鱼块炸至棕黄色起壳时捞出。③再起热油锅，放入葱段、姜片，倒入鱼块，加水漫过鱼面，加酱油、料酒，入味后撒上五香粉。

营养功效：增进食欲、利水通乳。

{⚖} 性温 草鱼 味甘

草鱼又称白鲩、草根鱼、厚鱼，体呈圆筒形，头部稍平扁，尾部侧扁，口呈弧形，无须。草鱼生长快，个头大，肉质肥嫩，可清蒸、糖醋，也可炖、煎，味道鲜美。

养生功效

《本草纲目》记载：草鱼可温暖中焦的脾胃。但不能多食，否则容易引发多种疮疡。草鱼肉质细嫩，营养丰富，对于身体瘦弱、食欲不振的人来说，可以开胃、滋补。

人群推荐

✔学生：常食草鱼可明眼益目、预防近视。

✔心血管病患者：草鱼含有丰富的不饱和脂肪酸，对血液循环有利。

搭配推荐

- 豆腐+草鱼：能补中调胃、利水消肿。
- 鸡蛋+草鱼：适合老年人温补强身。

营养成分（以每 100 克可食部计）

草鱼含有丰富的蛋白质、维生素等多种营养成分。

营养素	含量	营养素	含量
蛋白质（克）	16.6	钙（毫克）	38
脂肪（克）	5.2	磷（毫克）	203
胆固醇（毫克）	86	钾（毫克）	312
维生素 A（微克）	11	钠（毫克）	46.0
维生素 B₁（毫克）	0.04	镁（毫克）	31
维生素 B₂（毫克）	0.11	锌（毫克）	0.87
维生素 E（毫克）	2.03	硒（微克）	6.66

养生吃法

草鱼胆有毒，不能吃，处理草鱼鱼肚部分，要特别小心，不要弄破鱼胆，清洗也要清洗干净。

养生食谱

草鱼的刺比较多，吃时一定要多加注意。

1 草鱼豆腐

原料：草鱼 1 条，豆腐 250 克，青蒜 25 克，料酒、酱油、白糖、鸡汤、盐、香油各适量。

做法：①草鱼去内脏洗净，切成 3 段；豆腐切成小方块；青蒜洗净，切末。②锅中放油烧热后，放入鱼段煎炸，再加入料酒、酱油、白糖、鸡汤烧煮。③鱼入味后，放入豆腐块，大火烧沸，小火煨煮，焖烧 5 分钟后，待豆腐浮起，放入青蒜末、盐，淋上香油。

营养功效：利湿祛风，适合胃寒者食用。

经常食用红烧草鱼具有抗衰老、养颜的功效。

小偏方大功效

● 风湿麻痹：草鱼肉 300 克切片，豆腐适量切片，炖熟饮服。

● 高血压：草鱼 1 条，冬瓜适量。炖汤食用。

● 头痛眩晕：草鱼头 1 个，柴胡 2 克，香菇、冬笋、葱姜末各 50 克。炖浓汤饮服。

● 活血化瘀：草鱼肉 200 克切片，芍药 3 克，核桃仁及姜末各适量。炖汤饮服。

② 红烧草鱼

原料：草鱼 1 条，猪里脊肉 100 克，香菇 2 朵，葱花、姜末、蒜末、盐、白糖、料酒、胡椒粉、酱油、水淀粉、香油各适量。

做法：①草鱼去内脏洗净，划花刀，用盐、料酒稍腌；香菇、猪里脊肉分别洗净，切丝。②油锅烧热，放草鱼炸至两面金黄捞出。③锅留底油，下葱花、姜末、蒜末、香菇丝、肉丝翻炒，加盐、白糖、草鱼、酱油、胡椒粉、香油焖熟，用水淀粉勾薄芡。

营养功效：能促进食欲，有开胃、滋补的功效。

③ 抓炒鱼片

原料：草鱼 1 条，鸡蛋 1 个，葱花、姜末、盐、料酒、水淀粉各适量。

做法：①鸡蛋取蛋清备用。②草鱼收拾干净，鱼肉切成片，放入葱花、姜末、盐、料酒调味，用水淀粉、蛋清挂糊，用热油炸熟后捞起。③锅内留少许油，将盐、料酒倒入锅中，加水淀粉勾芡，再将炸好的鱼片倒入，搅匀。

营养功效：清热平肝，适合高血压、头痛者。

鲈鱼

性平 味甘

鲈鱼又名四鳃鱼。鲈鱼秋末冬初最为丰腴，肉质白嫩、清香，为蒜瓣形，没有腥味，宜清蒸、红烧或炖汤。

养生功效

《本草纲目》中记载：鲈鱼可补益五脏，益筋骨，调和肠胃，治疗水气。鲈鱼营养全面、有补肝肾、益脾胃、温胃祛寒、化痰止咳、补气安神等功效。

人群推荐

✔孕产妇：鲈鱼可辅助治疗胎动不安、乳汁分泌少等症。

✘皮肤病患者：鲈鱼为发物。

搭配推荐

• 牛肝菌 + 鲈鱼：健脑抗癌。

• 生姜 + 鲈鱼：润肺止咳。

• 南瓜 + 鲈鱼：南瓜中富含类胡萝卜素，与鲈鱼中的维生素 D 搭配食用，可清肝火明目。

• 人参 + 鲈鱼：二者同食可增强记忆，维持身体健康。

• 黄芪 + 鲈鱼：有补中益气、健胃、生肌、安胎、利水的作用。

养生吃法

鲈鱼可能有寄生虫，所以最好不要生吃。购买鲈鱼时，需要仔细挑选，肉色暗淡、肉质软而无弹性、没有光泽、不新鲜的，不宜购买。

营养成分（以每 100 克可食部计）

鲈鱼含有丰富的蛋白质、维生素、磷、钾等营养物质。

营养素	含量	营养素	含量
蛋白质（克）	18.6	磷（毫克）	242
脂肪（克）	3.4	钾（毫克）	205
胆固醇（毫克）	86	钠（毫克）	144.1
维生素 A（毫克）	19	镁（毫克）	37
维生素 B$_2$（毫克）	0.03	铁（毫克）	2.0
维生素 E（毫克）	0.75	锌（毫克）	2.83
钙（毫克）	138	硒（微克）	33.06

海产鲈鱼不宜进食其内脏、鱼头等部位。

养生食谱

1 丝瓜清蒸鲈鱼

原料： 鲈鱼 1 条，丝瓜 150 克，盐、姜丝、米酒各适量。

做法： ①鲈鱼洗净，两面各划两条斜线，抹上盐和油略腌 5 分钟；丝瓜洗净，去皮，切圆片，铺于盘底，鲈鱼放在丝瓜上。②撒上姜丝、米酒，放入蒸锅中，以大火蒸 8~10 分钟。

营养功效： 清暑凉血、解毒通便。

用食物养身体

小偏方大功效

● 伤口不愈：鲈鱼 1 条。清炖食用。

● 产后虚脱：鲈鱼蒸熟后，取肉搓片，与小米一同煮粥食用。

2 红烧鲈鱼

原料： 鲈鱼 1 条，葱段、姜片、蒜瓣、辣椒、酱油、料酒、白糖各适量。

做法： ①鲈鱼洗净，划花刀，用料酒、酱油腌制，入油锅煎至两面焦黄。②葱段、姜片、蒜瓣、辣椒入油锅煸炒，放入鱼、料酒、酱油、白糖、水烧沸，用大火烧到汁稠入味。

营养功效： 可改善贫血、早衰、营养不良。

4 清蒸鲈鱼

原料： 鲈鱼 1 条，香菜段、姜丝、葱丝、盐、料酒、酱油各适量。

做法： ①鲈鱼洗净，划花刀，放入蒸盘中。②姜丝、葱丝放入鱼盘中，加入盐、酱油、料酒，大火蒸 8~10 分钟，鱼熟后立即取出，饰以香菜段。

营养功效： 可促进身体恢复、补脑益智。

3 鲈鱼粥

原料： 鲈鱼、粳米各 100 克，葱花、姜末、盐、胡椒粉各适量。

做法： ①鲈鱼洗净，切成片，加盐、姜末，拌匀稍腌；粳米洗净。②锅中放入清水和粳米，熬煮至米粥开花时，加入鱼片，再次烧沸后，加入盐拌匀，撒上胡椒粉和葱花。

营养功效： 补肝肾、益脾胃、化痰止咳。

清蒸鲈鱼能补肝肾、健脾胃，适宜一般人群食用，尤其是孕妇和贫血的人。

甲鱼

性平　味甘

> 烹饪技巧：甲鱼适合长时间熬煮，这样才能发挥出更大的滋补功效。

甲鱼又叫鳖，俗称水鱼、团鱼、脚鱼、鼋（yuán）鱼。甲鱼常用来炖汤，肉鲜美，有"美食五味肉"的美称，甲壳可入药。

主要营养成分（以每100克可食部计）

营养素	蛋白质（克）	脂肪（克）	胆固醇（毫克）
含量	17.8	4.3	101

养生功效

《本草纲目》记载：甲鱼可补中益气。能治热气及风湿性关节炎，腹内积热。甲鱼含有多种维生素和微量元素，可增强身体抗病能力，调节人体内分泌。用甲鱼壳熬制的胶，具有滋阴益肾、强筋健骨的功效，可防治肾亏虚弱、头晕、遗精等症。

人群推荐

✔女性：常食甲鱼可滋阴养血、调经益气、美容养颜。

✔中老年人：甲鱼有净血作用，常食可降低胆固醇。

✘孕妇：食用甲鱼会令胎儿颈缩。

搭配推荐

● 淡菜 + 甲鱼：二者同食能滋阴补液、强壮身体。

● 西洋参 + 甲鱼：二者同食可补气养阴、清火、养胃。

本草附方

● 咳嗽潮热：甲鱼1只，柴胡、前胡、贝母、知母、杏仁各5钱，同煮。待熟去骨、甲、裙，再煮。食肉饮汁，将药焙研为末，仍以骨、甲、裙煮汁，做成梧子大的丸子。空腹伴酒服30丸，每日2次。

● 小儿痫疾：鳖甲炙烤，研末，用乳汁送服1钱，每日2服。也可做成蜜丸服用。

养生食谱

山药炖甲鱼

原料：甲鱼1只，山药60克，枸杞子15克，姜片、盐各适量。

做法：①山药去皮，洗净，用清水浸泡30分钟；枸杞子用水稍冲洗。②甲鱼洗净，切块，与山药、枸杞子、姜片一起放入炖盅内，加适量沸水，炖盅加盖，小火隔水炖2~3小时，加盐调味。

营养功效：滋阴补肾功效好。

鲢鱼

性温 **味甘**

烹饪技巧：鲢鱼胆汁有毒，处理鲢鱼时应小心摘除鱼胆，并将鱼肉清洗干净。

鲢鱼又叫白鲢、水鲢、跳鲢、鲢子，是著名的四大家鱼之一。鲢鱼适合烧、炖、清蒸、油炸等烹调方法，尤以清蒸、油炸最能体现出鲢鱼清淡、鲜香的特点。

主要营养成分（以每100克可食部计）

营养素	蛋白质（克）	脂肪（克）	胆固醇（毫克）
含量	17.8	3.6	99

养生功效

《本草纲目》记载：鲢鱼温中益气，多食会令人中焦生热。

鲢鱼营养价值高，不仅含有丰富的蛋白质，还含有平衡的氨基酸组成以及婴幼儿所需的组氨酸，并含有丰富的牛磺酸，各种矿物质及促进大脑细胞发育的多不饱和脂肪酸 DHA 和 EPA，是很好的营养保健食物。

人群推荐

✔爱美人士：鲢鱼能改善皮肤粗糙、干燥等状况。

✘皮肤病患者：鲢鱼为发物。

搭配推荐

• 冬瓜籽 + 鲢鱼：二者同食有通乳的作用。

• 豆腐 + 鲢鱼头：二者同食能补脑。

小偏方大功效

• 产后乳少：鲢鱼1条，丝瓜适量，均洗净切条，共煮，加少量调味品，鱼熟后饮汤，分数次食鱼肉。

• 咳嗽：鲢鱼肉切成条，加姜、醋、盐等煮食。

• 痛经：鲢鱼1条，小茴香适量，一同煮汤，在月经来临前食用。

• 补脾温中：鲢鱼1条，生姜（或干姜）6克，加适量盐，蒸熟食用。

• 消肿利水：鲢鱼头半个，天麻5克，煮浓汤饮服。

养生食谱
鱼头豆腐汤

原料：鲢鱼头1个，豆腐1块，姜片、枸杞子、料酒、盐各适量。

做法：①鲢鱼头一切为二，去鳃，洗净，用加了料酒、盐的沸水氽2分钟，捞出；豆腐切块。②鱼头、豆腐放入汤锅内，并加入足量的清水，大火烧沸。③放入姜片、料酒、枸杞子，用小火炖1.5小时，起锅前加盐调味。

营养功效：健脑益智。

鲫鱼

性温　味甘

鲫鱼又称鲋鱼、鲫瓜子、鲫皮子、肚米鱼。每年的 2~4 月和 8~12 月是鲫鱼最为丰美的时期，肉质细嫩，可煲汤，也可清蒸，肉甜味美。

养生功效

《本草纲目》记载：鲫鱼合五味煮食，主虚羸。温中下气。止下痢肠痔。夏月热痢有益，冬月不宜。合莼作羹，主胃弱不下食，调中益五脏。另外，鲫鱼能和中开胃、活血通络，有良好的催乳功效，用活鲫鱼煨汤，连汤食用，可治产后少乳等症状。

人群推荐

✔ 女性：常吃鲫鱼可润肤养颜、抗衰老。

✔ 产妇：鲫鱼可补产妇之虚和催乳。

搭配推荐

• 黄豆芽 + 鲫鱼：二者同食可通乳，适用于产后胃气虚、乳汁不下者。

• 木耳 + 鲫鱼：有润肤养颜和抗衰老的作用。

感冒发热期间不宜多喝鲫鱼汤。

营养成分（以每 100 克可食部计）

鲫鱼所含的蛋白质质优，且氨基酸种类齐全，容易消化吸收。

营养素	含量	营养素	含量
蛋白质（克）	17.1	钙（毫克）	79
脂肪（克）	2.7	磷（毫克）	193
碳水化合物（克）	3.8	钾（毫克）	290
胆固醇（毫克）	130	钠（毫克）	41.2
维生素 A（微克）	17	镁（毫克）	41
维生素 B_1（毫克）	0.04	锌（毫克）	1.94
维生素 B_2（毫克）	0.09	硒（微克）	14.31

养生吃法

鲫鱼清蒸或做汤营养效果最佳，若经煎炸，食疗功效会大打折扣。鲫鱼子中胆固醇含量较高，中老年人和高脂血症、高胆固醇患者应忌食。

养生食谱

1 木耳清蒸鲫鱼

原料：鲫鱼 1 条，水发木耳 100 克，水发香菇 2 朵，姜片、葱段、料酒、盐、白糖各适量。

做法：①水发木耳洗净，撕成小片；水发香菇洗净，去蒂后撕片。②鲫鱼收拾干净，放入碗中，加入姜片、葱段、料酒、白糖、盐，然后放入木耳、香菇片，上笼蒸 30 分钟，取出。

营养功效：温中补虚、健脾利水、滋补通乳。

菠菜鱼片汤富含蛋白质、脂肪、钙、磷、钾以及多种维生素，为身体补充多种营养，还有通乳的效果。

本草附方
- 消渴饮水：鲫鱼 1 条，去肠留鳞，以茶叶填满，纸包煨熟食之。
- 小肠疝气：鲫鱼 1 条。加茴香煮食。

小偏方大功效
- 利水消肿：鲫鱼 1 条，红小豆适量。煮熟食用。
- 脾胃虚弱不欲食，食后不化：大活鲫鱼 1 条，紫蔻 3 粒，研末，放入鱼肚内，再加生姜、陈皮、胡椒等煮熟食用。

❷ 菠菜鱼片汤

原料： 鲫鱼肉 250 克，菠菜 100 克，火腿 50 克，葱段、盐、料酒各适量。

做法： ①鲫鱼肉切薄片，加盐、料酒腌 30 分钟；菠菜洗净，切成段，焯熟；火腿切丁。②锅中放油烧至五成热，下葱段爆香，放鱼片略煎。③加水烧沸，用小火焖 20 分钟，放入菠菜段，撒上火腿丁略煮。

营养功效： 强身健体，是补虚佳品。

❸ 鲫鱼川贝汤

原料： 鲫鱼 200 克，川贝 6 克，姜丝、胡椒、盐、陈皮各适量。

做法： ①鲫鱼去鳞，除内脏，洗净，将川贝、胡椒、姜丝、陈皮放入鱼腹中，封口。②把鱼放入锅内，加适量清水，用盐调味，中火煮熟后，将鱼腹中的材料取出，食肉饮汤。

营养功效： 滋阴润肺，用于治疗肺热咳嗽。

黄鱼

性平　味甘

黄鱼又名黄花鱼，鱼头中有两颗坚硬的石头，叫鱼脑石，因而也被称为"石首鱼"。有大小黄鱼之分，细鳞黄色如金，肉质鲜嫩，可清蒸、油炸、煎。

养生功效

《本草纲目》记载：黄鱼合菜作羹，开胃益气。黄鱼含有多种氨基酸，是癌症患者优质的蛋白质补充来源。

人群推荐

✔ 女性：黄鱼能滋阴补阳，既能补血，又能使皮肤洁白细腻。

✔ 老人：常食黄鱼，可补中益气、聪耳明目、延缓衰老。

✔ 癌症患者：黄鱼含有丰富的微量元素硒，对各种癌症有防治功效。

✘ 皮肤瘙痒患者：黄鱼是发物，易引起过敏反应。

搭配推荐

• 苹果 + 黄鱼：有助于营养的全面补充。

• 西红柿 + 黄鱼：有利于幼儿骨骼的发育。

营养成分（以每 100 克可食部计）

大黄鱼和小黄鱼统称为黄鱼，二者富含的营养成分相差不多，对人体都有很好的补益作用。

营养素	含量	营养素	含量
蛋白质（克）	17.7	钙（毫克）	53
脂肪（克）	2.5	磷（毫克）	174
碳水化合物（克）	0.8	钾（毫克）	260
胆固醇（毫克）	86	镁（毫克）	39

养生吃法

小黄鱼常用来油炸、煎食。春季清明至谷雨是小黄鱼的主要食用期。

大黄鱼捕捞后大多冷冻，可清蒸、煎、炸，也可去内脏盐渍后，晒干制成咸鱼或罐头；鱼鳔可干制成"鱼肚"。

养生食谱

① 雪菜蒸黄鱼

原料： 黄鱼 1 条，雪菜 100 克，姜丝、盐、料酒、葱花各适量。

做法： ①黄鱼洗净，装入盘中；雪菜洗净，切碎。②将雪菜、盐、料酒、葱花、姜丝放在鱼身上，入蒸锅内蒸 8 分钟。

营养功效： 健脾开胃、安神止痢，适合体弱女性食用。

小黄鱼适合酥炸，大黄鱼适合清蒸。

黄鱼有健脾升胃、安神止痢、益气填精的作用,对贫血、失眠、头晕、食欲不振有良好疗效。

小偏方大功效

● 醒酒解毒:黄鱼肉100克,陈醋50毫升,胡椒粉10克,菊花2朵。煮汤饮用。

● 促消化:黄鱼肉200克,枸杞子5克。炖熟食用。

● 降压:黄鱼肉200克切片,芹菜叶50克,炖煮成羹。

● 治膀胱结石:黄鱼头石30克,打碎,鸡骨草18克,土茵陈15克,冬葵子15克,炒白芍9克,陈皮3克。以4碗水煎至八分开,每周3次。

❷ 焦熘黄鱼

原料: 黄鱼500克,面粉50克,淀粉、水淀粉、葱丝、姜丝、盐、料酒、酱油各适量。

做法: ①黄鱼收拾干净,加盐、料酒腌渍。②取一个盆,放入淀粉、面粉,加少量水调成厚糊,将鱼全身沾满面糊,再入油锅炸至鱼外皮硬脆时捞出。③另烧油,下入葱丝、姜丝爆香,加入水、酱油、盐烧沸,用水淀粉勾芡,浇在鱼上。

营养功效: 强身健体,适合体质虚弱者食用。

❸ 绿豆芽黄鱼片

原料: 绿豆芽250克,黄鱼肉200克,辣椒1个,鸡蛋1个(取蛋清),葱段、香油、盐、胡椒粉、料酒、淀粉、水淀粉、白糖各适量。

做法: ①绿豆芽洗净;辣椒洗净,切丝;黄鱼肉切片,加盐、料酒、淀粉、鸡蛋清拌匀。②油锅爆香葱段,加黄鱼片、绿豆芽、辣椒丝炒熟,加香油、盐、胡椒粉、白糖调味,用水淀粉勾芡。

营养功效: 提高身体免疫力。

❹ 黄鱼鱼肚汤

原料: 黄鱼250克,黄鱼肚150克,盐、料酒、胡椒粉各适量。

做法: ①黄鱼洗净,斜刀切片。②油锅烧热,下入黄鱼肚炸约2分钟,切块备用。③另起油锅,下入黄鱼片略爆片刻,加入料酒和盐,再把黄鱼肚倒入,烧沸后撒上胡椒粉。

营养功效: 有调理气血、止血的功效。

平鱼

性平　味甘

> 烹饪技巧：煎鱼前在鱼身抹上盐，煎时鱼皮不容易脱落。

平鱼学名鲳，是一种身体扁平的海鱼。平鱼刺少，不易出现鱼刺卡喉情况，适合老人小孩食用，平鱼肉嫩，适合红烧、煎烤。

主要营养成分（以每100克可食部计）

营养素	蛋白质（克）	脂肪（克）	胆固醇（毫克）
含量	18.5	7.3	77

养生功效

《本草拾遗》记载：平鱼食后令人身体健壮，增强气力。另外，平鱼含有丰富的不饱和脂肪酸，有降低胆固醇的功效，对高脂血症、高胆固醇的人来说是一种不错的鱼类食物。它还含有丰富的矿物质硒和镁，对冠状动脉硬化等心血管疾病也有预防作用，并能延缓机体衰老。

人群推荐

✔儿童：平鱼属于高蛋白、低脂肪的鱼类，多吃有助于生长发育、提高智力。

✔心血管病患者：平鱼含有丰富的硒和镁，可以防治心血管疾病。

✘皮肤病患者：平鱼为发物。

搭配推荐

● 豆瓣菜＋平鱼：二者同食可美容养颜。

● 豆腐＋平鱼：二者营养互补，有利于营养更全面地吸收。

小偏方大功效

● 颈椎病：平鱼1条，加入适量伸筋草同煮，食鱼饮汤。

● 补益气血：平鱼100克，党参、当归各15克，生姜10克。先将诸药煎汤去渣后，再放入平鱼煮熟，稍加盐调味，食鱼饮汤。

● 健脾益胃：平鱼250克，煮熟，去骨，切碎，加粳米100克，及生姜、葱、盐各适量，同煮成稀粥食。

养生吃法

优质的平鱼体近菱形，背部青灰色，体两侧银白色，尾鳍深叉形。常吃能降低胆固醇和延缓衰老。

煎炸平鱼时用植物油，不用动物油，可以降低胆固醇摄入量。高血压、高血脂患者吃鱼时只吃鱼肉就可以了，鱼头和鱼籽都含有较高的胆固醇，最好不要吃。

养生食谱

1 香煎平鱼

原料：平鱼1条，葱丝、姜丝、料酒、盐各适量。

做法：①平鱼洗净，两面切花刀，用料酒、盐、葱丝、姜丝腌渍30分钟。②锅中放油烧热后，放入鱼煎至两面呈金黄色后捞出。

营养功效：益脾养胃、延缓机体衰老。

❷ 蜜汁平鱼

原料: 平鱼 500 克，酱油、料酒、白糖、葱段、姜片、大料各适量。

做法: ①平鱼洗净，擦干，打斜切成厚片，葱段和姜片放入大碗中，加入鱼片及酱油、料酒拌匀，腌约 30 分钟。②锅内放油烧热后，将鱼分批放入油中炸酥，炒香葱段和大料，再放入剩余调味品煮滚，做成糖汁。③改成中火，将鱼片放入锅中，浸到糖汁里，把鱼翻面再浸一下，同时使糖汁收缩变浓稠，收干，关火，夹出鱼片，放凉食用。

营养功效: 增强食欲，适用于消化不良。

❸ 白芷平鱼汤

原料: 白芷 15 克，鸡蛋 1 个，平鱼 1 条，生姜、胡椒粉、水淀粉、料酒、香油、盐各适量。

做法: ①白芷洗净；鸡蛋取蛋清；生姜洗净，切片。②平鱼去鳞，去内脏，去鳃，洗净，切块，用蛋清、胡椒粉、水淀粉、料酒、盐抓匀。③白芷和姜片放入汤锅中，加入适量清水，大火煮沸，接着放入平鱼煮熟，加盐调味，最后淋上香油。

营养功效: 美白润肤、促进代谢。

❹ 平鱼补血汤

原料: 平鱼 500 克，党参、当归、熟地、山药各 15 克，盐适量。

做法: ①平鱼洗净；党参、当归、熟地、山药洗净，装入纱布袋内，并扎紧袋口。②将所有药材袋与平鱼一起放入锅中，加适量清水，大火煮沸后改用小火煲 1 小时，加盐调味。

营养功效: 补血养颜、益脾养胃。

阴虚血热者忌服
白芷平鱼汤。

{ 性大温 }

鳝鱼

味甘

要吃新鲜鳝鱼：鳝鱼最好现杀现吃，死鳝鱼有毒，不宜食用。鳝鱼血有毒，烹前须放血清洗。

鳝鱼又名长鱼、黄鳝，像蛇，但没有鳞，黄色，有黑色斑纹，体表有黏液，夏秋之际最为丰腴，可炒、炸。

主要营养成分（以每 100 克可食部计）

营养素	蛋白质(克)	脂肪(克)	胆固醇(毫克)
含量	18	1.4	126

养生功效

《本草纲目》记载：鳝鱼可补中益血，补虚损，止血，除腹中冷气、肠鸣及湿痹气，治各种痔、瘘、疮疡。鳝鱼可清热解毒、凉血止痛、润肠止血，并能降低血糖，对糖尿病患者有益。

人群推荐

✔ 学生：有健脑益智的功效。

✔ 糖尿病患者：常食鳝鱼能调节血糖平衡。

✘ 皮肤瘙痒患者：鳝鱼是发物。

搭配推荐

● 莲藕 + 鳝鱼：糖尿病患者经常食用可使血糖下降。

● 青椒 + 鳝鱼：二者同食能滋养身体。

本草附方

● 内痔出血：煮食鳝鱼可以治愈。

小偏方大功效

● 疏筋利节：鳝鱼片 300 克，天麻 5 克，葱姜片 8 克。炖煮浓汤饮服。

● 止咳补虚：鳝鱼 250 克，冬虫夏草 6 克。炖汤服食，连服 7 日。

● 补益气血：鳝鱼 500 克，黄芪 30 克，生姜 1 片，大枣 5 个。煮汤服食。

养生食谱
薏米鳝鱼粥

原料：鳝鱼 100 克，大麦 80 克，薏米 60 克，粳米 40 克，茯苓 30 克，生姜 5 克，盐适量。

做法：①薏米洗净，以温水浸泡 2 小时；大麦、茯苓、粳米洗净；生姜洗净，切片；鳝鱼宰杀，去内脏洗净，切块。②锅中放油烧热后，鳝鱼煎香铲起。③全部食材放入砂锅内，加适量清水，大火烧沸后，小火煮至大麦熟烂，加盐调味。

营养功效：和中补虚、降糖降脂，糖尿病患者可常食。

{ 性平 } 味甘

泥鳅

> 烹饪技巧：用盐撒在泥鳅身上搓一搓，再用水反复冲洗几次，可以去除泥鳅的黏液。

泥鳅亦称鳅，又叫鳅鱼。泥鳅形体细长，呈圆筒形，颜色青黑或青灰，个头较小，一般有三四寸长，没有鳞，全身有黏液。泥鳅营养价值很高，常被用来干炸、炖汤。

主要营养成分（以每 100 克可食部计）

营养素	蛋白质(克)	脂肪(克)	胆固醇(毫克)
含量	17.9	2.0	136

养生功效

《本草纲目》记载：泥鳅可暖中益气，醒酒，解消渴。

人群推荐

✔男性：成年男子常食能养肾生精、滋补强身。

✔心血管患者：泥鳅能抗血管衰老。

✔身体虚弱、营养不良者：泥鳅有助于生长发育。

搭配推荐

● 豆腐＋泥鳅：二者营养互补，能提高进补作用。

● 木耳＋泥鳅：有补气养血、健体强身的作用。

本草附方

● 消渴饮水：取泥鳅 10 条，阴干，去头尾，烧成灰。取等量干荷叶研成末调匀。每次服用 2 钱，用新鲜井水送服，每日 3 次。

小偏方大功效

● 营养不良水肿：泥鳅 100 克，去肠杂，大蒜 2 个，煮汤服用，每日 2 次。

● 小儿盗汗：泥鳅 200 克，用温水洗去黏液，去头尾、内脏，用茶油煎至黄色，加水适量煮汤，加盐适量，喝汤吃肉。每日 1 次，年龄小者分多次服食。

● 补肾壮阳：泥鳅 400 克，去泥污，鲜虾 250 克，炖熟服用。

● 补钙强骨：泥鳅、豆腐各适量。炖熟食用。

养生食谱
黄芪泥鳅汤

原料： 泥鳅 200 克，熟猪瘦肉片 100 克，大枣 10 个，黄芪 15 克，姜片、盐各适量。

做法： ①泥鳅去内脏，洗净，控干，用盐搓去表面黏液，将泥鳅用油煎至两面微黄色，铲起装盘中。②在汤煲内倒入清水煮沸，放入泥鳅、瘦肉、黄芪、大枣，烧沸后用小火继续煲约 3 小时，加入姜片、盐略煮。

营养功效： 适合老年冠心病患者伴肝肾功能不全者食用。

鱿鱼

性平　味酸

鱿鱼也称柔鱼，身体细长，能够不断变色适应周围环境。鱿鱼具有补虚养气、滋阴养颜的作用，还可调节血压、保护神经纤维，经常食用能延缓身体衰老。

养生功效

《本草纲目》引宋代苏颂《图经本草》：一种柔鱼，与乌贼相似，但无骨。鱿鱼可益气强志，滋阴养胃，补虚润肤。

人群推荐

✔**女性：**常食鱿鱼可润泽肌肤，延缓肌肤衰老。

✔**儿童：**鱿鱼能促进骨骼发育和造血，可防治小儿贫血症。

搭配推荐

● 黄瓜 + 鱿鱼：黄瓜中的膳食纤维与鱿鱼中的牛磺酸有助于降低胆固醇，强化心脏和肝脏功能。

● 辣椒 + 鱿鱼：二者同食可均衡营养、帮助消化。

营养成分（以每 100 克可食部计）

鱿鱼中含有丰富的钙、磷、铁元素，对骨骼发育和造血有益，可预防缺铁性贫血。

营养素	含量	营养素	含量
蛋白质（克）	17.7	钾（毫克）	290
脂肪（克）	1.6	镁（毫克）	42
维生素 B_2（毫克）	0.06	硒（微克）	38.18
钙（毫克）	44	锌（毫克）	2.38
磷（毫克）	19	铁（毫克）	0.9

养生吃法

鱿鱼可以加工成鱿鱼干，鲜鱿鱼烤、炒也是不错的选择。需要注意的是，鲜鱿鱼一定要煮熟食用，其含有一种多肽成分，如果未煮熟食用会导致肠运动失调。

养生食谱

① 韭菜炒鱿鱼

原料：鲜鱿鱼 1 条，韭菜 100 克，酱油、盐各适量。

做法：①鲜鱿鱼剖开，处理干净，切成粗条，放入沸水中，汆一下捞出；韭菜洗净，切段。②锅中放油烧热后，放入汆好的鲜鱿鱼，然后放入韭菜翻炒，加适量盐、酱油，炒匀。

营养功效：此菜可以起到滋阴补肾壮阳的作用，也可以有效提高身体的抵抗力。

鱿鱼肉质鲜嫩、细腻且味道鲜美。

② 照烧鱿鱼

原料: 鱿鱼2条,胡萝卜块、西蓝花、酱油、生抽、蜂蜜、盐、料酒各适量。

做法: ①鱿鱼切花刀后切成块,冷水下锅,微微打卷后捞起。②锅中加入盐、水,下入西蓝花和胡萝卜块,水沸后捞出摆盘。③另起锅,将酱油、料酒、蜂蜜按照3:1:1的比例倒入锅中,大火收汁,直至变为浓稠。④放入鱿鱼卷搅拌均匀,小火收汁,装盘。

营养功效: 鱿鱼含有丰富的蛋白质、钙、硒,还含有一定的铁、锌。硒在人体具有抗氧化、调节免疫的作用。

小偏方大功效

● 贫血:鱿鱼1条氽水,姜丝、辣椒丁、盐各适量,炒食。

● 骨质疏松:鱿鱼1条氽水,葱花、蒜片、盐各适量,炒食。

● 强身健体:鱿鱼1条氽水,小白菜2棵,枸杞子2克,煮汤食用。

● 补虚益气:鱿鱼1条氽水,人参片3克,枸杞子2克,煮汤食用。

● 止咳化痰:鱿鱼1条,鸡肉50克,一同切成蓉,挤成丸子,加甘草、麻黄、杏仁各2克,煮汤羹饮服。

③ 豆豉鱿鱼

原料: 鱿鱼1条,豆豉酱、彩椒、葱段、姜片、蒜片、盐各适量。

做法: ①鱿鱼处理干净,内层切花刀,切片;彩椒洗净,切片。②鱿鱼入沸水锅,氽至变白卷起,捞出沥干。③油锅烧热,爆香葱段、姜片、蒜片,加入豆豉酱翻炒均匀,放入彩椒、鱿鱼,大火翻炒变色,加盐调味。

营养功效: 鲜香的口感很受欢迎,适合胃口不佳的人群食用。

④ 木耳炒鱿鱼

原料: 鱿鱼100克,木耳5克,胡萝卜30克,盐适量。

做法: ①木耳泡发,洗净,撕成小片;胡萝卜洗净,切丝。②鱿鱼处理干净,在背上切花刀,用开水氽一下,沥干水分,放盐腌渍片刻。③油锅烧热,下胡萝卜丝、木耳片、鱿鱼,炒匀装盘。

营养功效: 鱿鱼搭配木耳、胡萝卜,能够为身体补充钙、蛋白质、胡萝卜素等营养物质,明目健体。

性温　味甘

虾

虾种类很多，包括青虾、河虾、小龙虾、对虾、龙虾等，海洋、淡水湖泊、溪流中都可发现它的身影，品种众多，味道鲜美，可蒸食、炒食、烤食。

养生功效

《本草纲目》记载：虾作汤可治疗包块、托痘疮，下乳汁；点成汁，治风痰；捣成膏，敷虫疽有效。有开胃化痰、补气壮阳、益气通乳等功效，辅助治疗肾虚阳痿、腰酸膝软、筋骨疼痛、中风引起的半身不遂等病症。

人群推荐

✔女性：常食虾可养血脉、润肌肤、养颜美容。

✔男性：虾为补肾壮阳的佳品。

✔儿童：虾皮和虾肉中含有丰富的钙、磷、铁，可促进骨骼、牙齿生长发育，预防缺铁性贫血。

搭配推荐

● 西红柿＋虾：二者同食可提高心脏、肝脏的功能。

● 木瓜＋虾：二者同食可帮助蛋白质分解吸收。

养生吃法

虾的品种丰富，来认识一下常见品种吧。

对虾：肉质鲜嫩，常用来蒸食、煮食、烤食。

龙虾：龙虾含有丰富的锌、碘、硒等矿物质。

营养成分（以每100克可食部计）

虾含有丰富的蛋白质，有利于促进机体生长发育，还可为身体供给热能，此处营养成分以海虾为例。

营养素	含量	营养素	含量
蛋白质（克）	16.8	磷（毫克）	196
脂肪（克）	0.6	钾（毫克）	228
碳水化合物（克）	1.5	镁（毫克）	46
胆固醇（毫克）	117	钠（毫克）	302.2
钙（毫克）	146	硒（微克）	56.41

青虾：青虾肉质细嫩，味道鲜美，常被用来炒食，营养丰富。青虾含有大量虾青素，有较强的抗氧化作用。

小龙虾：小龙虾是一种生活于淡水中，像龙虾的虾类，常被用来制作麻辣小龙虾和口水虾。

养生食谱

① 虾仁冬瓜汤

原料：虾100克，冬瓜300克，香油、盐各适量。

做法：①虾去壳，去虾线，洗净，沥干水分，放入碗内；冬瓜洗净，去皮、瓤，切成小块。②虾仁放入锅中，加适量清水煮至软烂时加冬瓜，同煮至冬瓜熟，加盐调味后盛入汤碗，淋入香油。

营养功效：清热利尿、减肥，适用于暑热烦闷、水肿、肺热咳嗽等症。

蔬果虾蓉饭包含多种微量元素,适合身体虚弱者和发育阶段的青少年。

本草附方
- 宣吐风痰:用连壳虾半斤,加入葱、姜、酱煮汁,先吃虾,后吃汁,用衣物束紧腹部,再用羽毛探引催吐。

小偏方大功效
- 虚脱腹痛:虾肉 200 克切片,葱段适量,炒熟食用。
- 补虚益肾:虾肉 200 克,人参 5 克。煮熟食用。
- 补气壮阳:虾肉 200 克,嫩韭菜 50 克。炒熟食用。
- 神经衰弱:虾壳 15 克,酸枣仁、远志各 9 克,水煎服。

❷ 蔬果虾蓉饭

原料: 虾 5 只,西红柿、芹菜各 100 克,香菇、胡萝卜各 80 克。
做法: ①西红柿洗净,放入沸水中焯一下,去皮,切块;香菇洗净,去蒂切丁;胡萝卜、芹菜分别洗净,切粒;虾去虾线,洗净,放入锅中,加水煮熟去皮,取虾仁剁成蓉。②把所有材料放入锅内,加少量水煮熟,最后再加入虾蓉一起煮熟,把此汤料淋在米饭上拌匀。
营养功效: 清火祛毒、开胃健脾。

❸ 香煎大虾

原料: 虾 2 只,鸡蛋 1 个,面粉、盐、胡椒粉、料酒、花椒盐各适量。
做法: ①虾去头、去壳、去虾线,洗净沥干后开背,拍平,然后用盐、胡椒粉、料酒腌至入味;鸡蛋磕入碗中搅匀。②虾沾匀干面粉,挂匀鸡蛋液,下油煎至金黄色,撒入放花椒盐。
营养功效: 益气强身,全面补充营养。

❹ 虾仁豆腐

原料: 虾仁 100 克,豆腐 150 克,料酒、葱花、酱油、盐、淀粉各适量。
做法: ①虾仁洗净,用料酒、葱花、酱油及淀粉等调汁浸泡;豆腐洗净,切丁。②锅中放油烧热后,先用大火快炒虾仁,再将豆腐放入翻炒,出锅前放盐调味。
营养功效: 补充蛋白质及钙、磷、碘等矿物质。

螃蟹

性寒 · **味咸**

> 隔夜蟹不宜吃：隔夜的虾蟹类甲壳水生物，会产生组胺等有毒物质，对人体有害。

常见的河螃蟹有大闸蟹，俗称河蟹、毛蟹、青蟹等。螃蟹肉质白嫩，味道鲜美，最好的吃蟹时节为每年的 9~10 月，这个时节的蟹黄、蟹膏最为肥厚。

主要营养成分（以每 100 克可食部计）

营养素	蛋白质（克）	胆固醇（毫克）	维生素 A（微克）
含量	17.5	267	389

养生功效

《本草纲目》记载：螃蟹可治胸中邪气，热结作痛，口眼歪斜，面部水肿。螃蟹富含蛋白质、微量元素等营养成分，对身体有很好的滋补作用。它还含有丰富的甲壳素，可提高人体免疫力，有软化血管、降低胆固醇、防治高血压的作用。

人群推荐

✔老人：螃蟹对老人腰腿酸痛和风湿性关节炎有一定的食疗作用。

✔水肿患者：有养精益气、消水肿的作用。

搭配推荐

● 青椒 + 螃蟹：二者同食可使营养均衡，并且有益消化。

● 芦笋 + 螃蟹：二者同食有强化骨骼的功效。

本草附方

● 湿热黄疸：蟹烧存性，研末，加入酒糊成梧子大小。每服 50 丸，温开水饮下，一日 2 次。

小偏方大功效

● 心火旺盛：螃蟹 2 只蒸熟，取肉入汤锅，加黄连、姜末各适量，煮汤饮用。

● 胃热呕吐：螃蟹 4 只蒸熟，取肉，加莴苣叶、姜末、白醋拌食。

养生食谱
螃蟹香菇汤

原料： 螃蟹 1 只，香菇 5 朵，胡萝卜、白萝卜、姜片、清汤、料酒、茼蒿叶、红椒丝各适量。

做法： ①螃蟹洗净，掀去蟹盖，切成 4 块；香菇洗净，切块；白萝卜洗净，切片。②油锅烧热，放入姜片煸炒片刻，随即倒入白萝卜。③锅中倒入清汤，放入螃蟹块、蟹壳、香菇、姜片、料酒，大火烧沸后改小火炖 30 分钟，最后放入茼蒿叶、红椒丝略煮。

螃蟹嘌呤高，痛风患者禁食。

营养功效： 螃蟹香菇汤可滋阴清热、活血化瘀。

蛤蜊

味咸

性冷

烹饪技巧：蛤蜊在食用前可放在盐水中浸泡吐沙，但时间不宜过长。

蛤类中之利于人者，因此得名。蛤蜊肉质鲜美无比，有花蛤、文蛤等种类。烹饪蛤蜊时，要确保完全熟透后再食用。

主要营养成分（以每 100 克可食部计）

营养素	蛋白质（克）	胆固醇（毫克）	钠（毫克）
含量	10.1	156	425.7

养生功效

《本草纲目》记载：蛤蜊可滋润五脏，止消渴，能开胃。蛤蜊含蛋白质、脂肪、碳水化合物、铁、钙、磷、碘等多种营养成分，是一种低热能、高蛋白的理想食品。

人群推荐

✔ 高胆固醇患者：蛤蜊肉能降低胆固醇。

✘ 脾胃虚寒者：蛤蜊性冷，不宜多食。

搭配推荐

• 菠菜 + 蛤蜊：二者搭配食用能改善贫血、促进发育。

• 胡萝卜 + 蛤蜊：二者同食可以保护眼睛、增进视力。

本草附方

• 气虚水肿：大蒜十个捣成泥，倒入蛤蜊粉，做成梧子大小，每天餐前用温开水送服二十个。

小偏方大功效

• 滋养肺肾：蛤蜊肉 100 克，麦门冬 15 克，地骨皮 12 克，小麦 30 克。加水煎汤饮。

• 清热止咳：蛤蜊肉 100 克，百合、玉竹、山药各 30 克。同煮汤食用。

• 软坚散结：蛤蜊肉 100 克，韭菜（韭黄更佳）适量。炒熟食用。

养生食谱

蛤蜊豆腐汤

原料：蛤蜊 250 克，豆腐 100 克，葱花、姜片、盐、胡椒粉各适量。

做法：①在清水中放少许盐，将蛤蜊放入，让蛤蜊彻底吐净泥沙，冲洗干净备用；豆腐洗净，切小块。②锅中放水、盐和姜片烧沸，把蛤蜊和豆腐丁一同放入，转中火继续煮，蛤蜊张开壳，豆腐熟透后关火。③出锅时撒上葱花、胡椒粉。

营养功效：润五脏、止消渴。

性寒　味咸

海带

> 干海带上的"白霜"：干海带上的白霜，并不是霉菌，而是"甘露醇"，有降血压、利尿的作用。

海带又名昆布、纶布，生长在海中。新鲜的海带呈橄榄褐色，长带状，肉厚，表面黏滑，含碘量高。

主要营养成分（以每100克可食部计）

营养素	维生素A（微克）	钙（毫克）	钾（毫克）
含量	52	241	222

养生功效

《本草纲目》记载：海带治水病瘿瘤，功同海藻。海带中含有大量的碘，是甲状腺机能低下者的理想食物，常食还可令秀发润泽乌黑。海带还对心脏病、糖尿病、高血压有一定的预防作用。

人群推荐

✔乳腺增生患者：常吃海带，能刺激垂体，使女性体内雌性激素水平降低，恢复卵巢正常功能，辅助治疗乳腺增生。

✔中老年人：海带中的岩藻多糖对降低胆固醇、防治血管硬化有较好的作用。

✔甲状腺肿大患者：海带是防治甲状腺肿大理想的食疗品。

搭配推荐

● 菠菜＋海带：对骨骼和牙齿很有益。

● 猪排＋海带：有润泽肌肤的功效，适合女性食用。

本草附方

● 项下卒肿：海带、海藻等分，捣为末，用蜜调和做成杏核大小的丸子。时时含之，咽汁。

小偏方大功效

● 皮肤瘙痒：海带50克，红糖适量。用水煎服，每日1次。

● 清热消肿：海带、海藻各15克，小茴香6克。用水煎服，每日1次。

● 高血压：海带50克，粳米适量。煮粥服用。

养生食谱

海带瘦肉粥

原料： 海带15克，粳米100克，猪瘦肉50克，葱花、盐各适量。

做法： ①海带泡发，洗净，切丝；粳米洗净，浸泡20分钟；猪瘦肉洗净，切小丁。②海带、粳米、猪瘦肉放入锅内，加适量清水，大火烧沸，转小火熬煮成粥，加葱花、盐略煮。

营养功效： 海带瘦肉粥有降血压的功效，高血压患者可常食。

紫菜

性寒 **味甘**

紫菜又名海菜，纯青色，晒干后则变成紫色。新鲜紫菜由盘状固着器、柄和叶片组成。

主要营养成分（以每100克可食部计）

营养素	钾（毫克）	钠（毫克）	硒（微克）
含量	1 796	710.5	7.22

养生功效

《本草纲目》记载：紫菜可治脚气，淋巴肿块。此外，紫菜中的硒，能增强机体免疫功能，保护人体健康，提高人体抗辐射的能力。它含有的多糖，可增强细胞免疫和体液免疫功能，促进淋巴细胞转化，提高机体的免疫力，并能降低血清胆固醇的总含量。紫菜还含有一定量的甘露醇，可缓解水肿症状。

人群推荐

✔儿童：紫菜中钙含量丰富，可以促进儿童骨骼、牙齿生长。

✔水肿患者：紫菜中的甘露醇有利尿消肿的作用。

✘脾胃虚弱者：易导致腹泻。

搭配推荐

• 蜂蜜 + 紫菜：两者同食有益于肺及支气管的健康。

• 墨鱼 + 紫菜：可美容及强健身体。

小偏方大功效

• 咳嗽：紫菜适量。放口中干嚼，或紫菜研末，一日2次，每次3克，温蜂蜜水送服。

• 淋巴结核：紫菜10克。一日2次煎服，或用紫菜泡汤，每日当菜佐食，连食一两个月。

• 清肺化痰：紫菜30克，白萝卜1个。煮汤服。

• 降压除烦、治高血压：紫菜、草决明各15克。水煎服，每日3次。

• 利水消肿：紫菜、车前子各15克。水煎服。

养生食谱
紫菜瘦肉粥

原料：粳米100克，干紫菜15克，猪瘦肉50克，盐、胡椒粉、香油各适量。

做法：①干紫菜洗净；粳米淘洗干净，放入锅中，加清水煮粥。②猪瘦肉洗净，切细末，倒入粥内，加入紫菜、盐、香油，稍煮片刻，撒上胡椒粉拌匀。

营养功效：紫菜瘦肉粥软糯易消化，可补充营养、促进发育，适合给幼儿或老年人食用。

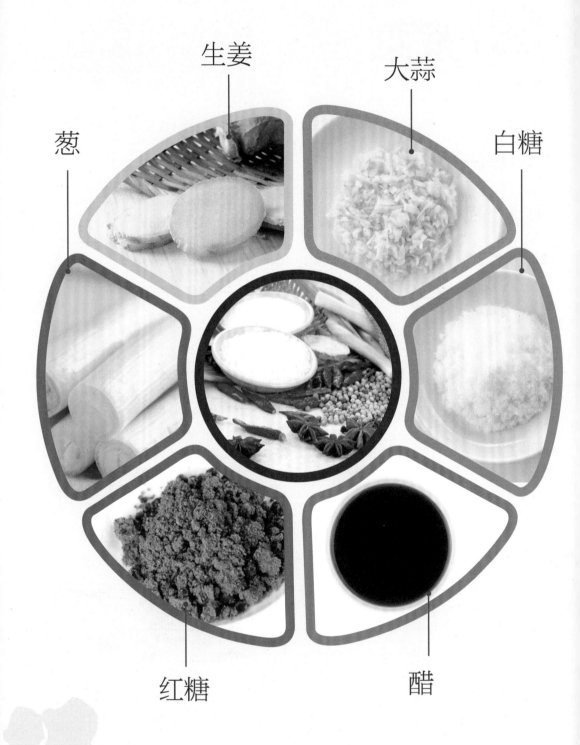

生姜

大蒜

白糖

葱

红糖

醋

第七章 调味品篇

　　中医讲"五味入五脏"，虽然食物有本身的酸甜苦辣，但味道有浓有淡，加入调味品能让菜肴五味调和，让人增进食欲。开门七件事，柴、米、油、盐、酱、醋、茶。调味品让食物变得更加美味，是我们生活中不可缺少的一部分。

白糖

性寒　味甘

白糖是甘蔗汁煎后晒制而成。糖类含有白糖，糖类是人体主要营养来源之一。

养生功效

《本草纲目》记载：白糖可治心肺燥热，止咳消痰，解酒和中，助脾气，缓肝气。白糖配合乌梅，做成代茶饮可以生津止渴。

人群推荐

✔肺虚咳嗽者：能润肺生津、补中缓急。

✔低血糖患者：改善葡萄糖供给不足。

✘ 糖尿病患者：食用白糖会导致血糖上升。

搭配推荐

• 猪肉＋白糖：猪肉能补充白糖中缺乏的维生素 B_1，使营养更加均衡。

养生食谱
糖醋排骨

原料：猪排骨 450 克，盐、花椒、生姜、葱、醋、白糖各适量。

做法：①猪排骨斩块，氽水捞出装入蒸盆中，加盐、花椒、生姜、葱、水，入笼蒸至肉离骨时取出。②锅中放油烧热后，放入排骨煎至金黄色捞出。③锅中再放油烧热后，炒糖汁，下排骨，微火至汤汁将干时，加醋翻炒。

营养功效：润肺生津，补充气血。

红糖

性寒　味甘

红糖是由甘蔗汁加工而成的，其中的糖分含量高，水分和杂质也多。

养生功效

《本草纲目》记载：红糖可治心腹热胀，口干渴。红糖营养虽优于其他糖类，但多吃易造成肥胖，且食用过量会影响正餐食欲，成长中的儿童更应限量食用。

人群推荐

✔身体虚弱者：红糖可改善缺铁性贫血并能祛寒止痛。

✔孕产妇：红糖对孕期、产期及哺乳期妇女都有益。

✘ 糖尿病患者：忌食。

搭配推荐

• 红小豆＋红糖：能有效改善贫血，补充铁。

• 生姜＋红糖：可以减轻月经来潮时的不适感。

本草附方

• 痘不落痂：将红糖调入 1 杯新鲜井水中喝下，每日 2 次。

养生食谱
红糖大枣粥

原料：粳米、糯米、红糖各 50 克，大枣 9 个，生姜 10 克。

做法：①粳米、糯米分别洗净；生姜洗净，切末；大枣泡开，洗净。②锅内倒入水，放入粳米、糯米烧沸，再放入生姜末、大枣、红糖，转小火熬至黏稠。

营养功效：补中益气，对于女性气血亏虚所致的周身乏力、月经不调等症状有一定的改善作用。

醋

性温 **味酸、苦**

醋又名酢、苦酒。醋多由糯米、高粱、大米、玉米、小麦以及糖类和酒类发酵制成。

养生功效

《本草纲目》记载：醋可消痈肿，散水气，杀邪毒，理诸药。醋能促进食欲、帮助胃肠蠕动，并有降血压、促进血液循环及提高新陈代谢的作用。

人群推荐

✖ 骨质疏松患者：醋能软化骨骼，会加重骨质疏松症。

✖ 胃溃疡患者：会增加胃酸，导致胃病加重。

搭配推荐

• 芝麻 + 醋：有助于吸收芝麻中的铁和钙。

本草附方

• 霍乱吐利：用盐和醋煮水服用。

养生食谱
糖醋白菜

原料：白菜 500 克，白糖 30 克，醋 20 毫升，盐适量。

做法：①白菜洗净，切块，放入盆内，拌入盐渍约 30 分钟，沥干水分。②锅中放油烧热后，加入白糖、醋和适量清水烧沸成糖醋汁，凉凉后，均匀地泼在白菜上，用盖盖严，闷 30 分钟。

营养功效：润肠通便、促进排毒。

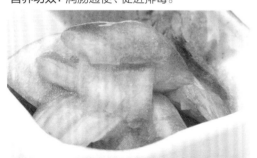

酱油

性冷利 **味咸、甘**

酱油多用大豆酿造而成，又称豆油。酱油有解热除烦、解毒的功效。

养生功效

《本草纲目》记载：酱油可除热止烦，杀百药及火毒。酱油里面含有各种酶、酵母菌、乳酸菌等，具有促进消化、吸收的作用。也可用于胃气不和引起的肠胃不适。

人群推荐

✔ 一般人群：酱油可使菜肴增味、生鲜、添香、润色。

✖ 胃病患者：多食易使胃酸过多。

搭配推荐

• 蜂蜜 + 酱油：二者调和外用，能消肿止痛。

养生食谱
酱汁核桃仁

原料：核桃仁 150 克，花生油 100 克，香油、料酒、面酱、白糖、盐、酱油、姜末各适量。

做法：①核桃仁用沸水浸泡约 15 分钟，去内皮。②花生油入锅烧热，核桃仁放入油锅炸至金黄色，捞出沥干。③把锅烧热，放入香油，再放入白糖，待其炒化之后，倒入面酱、酱油、盐、姜末、料酒，将炸好的核桃仁倒入锅内翻炒几下。

营养功效：缓解疲劳、健脑补肾。

葱

性平 **味辛**

葱是餐桌上非常常见的一种调味料，有特殊的辛辣味，可让食物更加鲜、香。葱品种很多，不同品种在长度、味道方面略有差异。

养生功效

《本草纲目》记载：葱可治伤寒，通关节，止鼻孔流血，利大小便。具有发表、通阳、解毒、杀虫的功效。

人群推荐

✔ 食欲不振者：葱能够健脾开胃，增进食欲。

✔ 癌症患者：有抗癌作用，葱所含的大蒜素可以抑制癌细胞的生长。

✘ 胃肠功能欠佳或患有消化系统疾病的患者：葱具有一定辛辣刺激的特性。

搭配推荐

● 猪肉 + 葱：二者同食能够恢复体力、活化大脑。

本草附方

● 时疾头痛：用连根葱白 20 根，和米一起煮粥，加入少许醋，趁热喝下，出汗即解。

养生食谱
葱枣汤

原料：葱 100 克，大枣 20 个。

做法：①大枣洗净，用水泡发。②大枣放入锅内，加适量清水，用小火烧沸，约 20 分钟后，再加入洗净的葱白，继续用小火煮 10 分钟。

营养功效：葱枣汤有发汗解表、安神养心的功效。

生姜

性微温 **味辛**

生姜也称姜，淡黄色肉质根茎，有芳香和辛辣味，可以去腥膻，增加食物的鲜味。生姜有嫩姜和老姜之分，一般腌制酱菜选用嫩姜，而入药则以老姜为佳。

养生功效

《本草纲目》记载：生姜可除风邪寒热，伤寒头痛鼻塞，咳逆气喘，止呕吐，去痰下气，去水肿气胀，治时令外感咳嗽。

人群推荐

✔ 晕车晕船者：生姜有"呕家圣药"之誉，对恶心、呕吐有很好的治疗效果。

✘ 痔疮患者：生姜有刺激性，能生热，会加重病情。

搭配推荐

● 醋 + 生姜：二者同食能减缓恶心症状，并且帮助消化。

● 皮蛋 + 生姜：二者同食有抗衰老的作用。

养生食谱
花生姜汤

原料: 花生、大枣各 20 克,生姜 15 克,红糖适量。

做法: ①生姜洗净,切成厚片;花生和大枣洗净。②先将花生和生姜加水一起下锅,大火煲 15 分钟,再放入大枣,中火煲 20 分钟。③待花生煮熟时,加入适量红糖,再用小火煲 5 分钟。

营养功效: 花生姜汤有暖身驱寒的功效,手脚冰冷的人可常食。

大蒜
性温　味辛

大蒜又称蒜头,是蒜类植物的统称。蒜瓣呈白色,味辛辣,有浓烈的蒜味,可用来调制凉拌菜,也可煎、烤、炒。

养生功效

《本草纲目》记载:大蒜可益脾肾,止霍乱吐泻,解腹中不安,消积食,温中调胃,除邪祛毒气,下气,治各种虫毒。大蒜中的大蒜素可杀菌;大蒜还可促进肠道蠕动,帮助排便,消除疲劳。

人群推荐

✔ 糖尿病患者:大蒜中硒含量较多,能促进胰岛素合成。

✘ 胃溃疡患者:大蒜对胃黏膜的刺激性很大。

搭配推荐

- 菜花 + 大蒜:二者同食可降血压、抗癌。
- 黄瓜 + 大蒜:二者同食能瘦身、养颜。

养生食谱
蒜蓉茄子

原料: 紫皮长茄子 400 克,大蒜 25 克,胡萝卜丝、香菜叶、盐、酱油、白糖、香油、花椒各适量。

做法: ①大蒜洗净,切碎剁成大蒜蓉;茄子洗净,切条,放入热油中炸软捞出。②用油爆香花椒后,捞出花椒,放入一半蒜蓉炒匀,放入茄子、酱油、白糖、胡萝卜丝和盐,烧至入味,放入香油及剩下的蒜蓉,点缀香菜叶。

营养功效: 提高机体免疫力。

附录：60 种常见病症饮食调养

病症	推荐食谱	不宜食物
1. 高血压	①菠菜 200 克，用水焯熟，挤出水分，加香油拌着吃，常食可平稳血压。 ②鲜茼蒿一把，洗净，切碎，榨汁，每次 1 小杯，温开水冲服，每日 2 次。	动物内脏、肥肉、蛋黄、胡椒、辣椒、人参、咸菜、白酒、高盐食物等。
2. 糖尿病	①苦瓜洗净，切片，焯水 2 分钟，捞出待凉后，加入适量盐、香油、蒜蓉等拌匀，常吃可辅助稳定血糖。 ②山药、冬瓜以 1：2 的重量比例，用水煎服，每日 1 次，当茶饮，可降糖。 ③取番石榴 100 克，捣烂取汁，每日 3 次，饭前饮用，对降低血糖有益。	糖、肥肉、鸭蛋、糕点、黄油、蜜饯、冰激凌、梨、桃、哈密瓜、葡萄、山楂、蜜枣、柿饼、桂圆、柿子、汽水、果汁、白酒等。
3. 高脂血症	①将南瓜块和橙子块放入水中，小火煮 5 分钟，再倒入适量纯牛奶，煮开。 ②山竹 2 个，西红柿、苹果各 1 个，生菜 1 棵，洗净后混合拼盘，淋上脱脂酸奶。	动物内脏、肥肉、虾、鸭蛋、蟹黄、糖、糕点、巧克力、咸菜、白酒等。
4. 冠心病	①桃、杏仁、大枣各 2 个，黑芝麻 30 克，一同生食。 ②燕麦片 50 克放入锅内，加清水，待水开时，搅拌，煮至熟软，每日早餐服用。	贝类、蛋黄、鱼子、肥肉、动物内脏、酒、巧克力、糖等。
5. 动脉硬化	①黑木耳 10 克，豆腐 60 克，煎炒，可经常食用。 ②核桃仁、粳米和适量贡菊花，小火煮成粥，经常食用。	动物内脏、肥肉、蛋黄、膨化食品、糖、甜食、酒、饮料及油炸食品等。
6. 痛风	①鱼腥草 200 克，加水大火煮沸，小火再煮 20 分钟，加薄荷 10 克，关火闷 10 分钟，滤渣饮用。 ②莲藕 600 克切片，玉米须 25 克装入布袋，一起大火煮沸，小火续煮 45 分钟，滤渣代茶饮。	动物内脏、鹅肉、鸽肉、鲱鱼、凤尾鱼、三文鱼、沙丁鱼、鱼子、菌菇、豆类及酒等。

（续表）

病症	推荐食谱	不宜食物
7. 咳嗽	①白菜适量，以清水滚煮，加适量冰糖煮食，适合有热咳、多痰症状的人。 ②将梨捣汁，加姜汁、白蜜；或将梨熬膏加姜汁、白蜜食用。	螃蟹、桂皮、胡椒、柿子、李子、石榴、桃、香蕉、樱桃等。
8. 感冒	①白菜根 120 克，生姜、葱各 10 克，加水煮汤，加盐调味。 ②葱白、香菜各 15 克，白萝卜 500 克，用水煎服，每日 1 次。	海鱼、虾、螃蟹、鸭肉、羊肉、糯米、辣椒、石榴、乌梅、甜点、阿胶、桂圆、枸杞子等。
9. 慢性支气管炎	①将带皮的橙子洗净，切成 4 份，放入锅内，加水，放入适量的冰糖，用小火熬汤，每日 3 次。 ②甘蔗汁 200 毫升，山药 6 克，一同蒸熟，每日 2 剂。	海鱼、虾、螃蟹、肥肉、红薯、土豆、韭菜、辣椒、胡椒、茴香、芥末、碳酸饮料及油炸食品等。
10. 支气管哮喘	①白萝卜汁 200 毫升，生姜汁 3 毫升，蜂蜜 30 毫升，拌匀，烧沸饮用。 ②桃仁、杏仁、白胡椒、糯米一同研末，用鸡蛋清调匀，内服。	动物内脏、海鱼、虾、辣椒、芝麻、豆类、碳酸饮料及奶制品等。
11. 头痛	①草鱼 500 克，青葱 50 克，香菜 125 克。一起煮熟食用，可治风虚头痛。 ②草鱼头 1 个，柴胡 2 克，加香菇、冬笋、葱姜末各适量，炖浓汤饮服。	啤酒、葡萄酒、香槟、白酒、咖啡、茶、可乐、脱脂牛奶、全脂牛奶、奶酪、酸奶、羊奶、辛辣调味品等。
12. 鼻炎	①菊花 10 克，薄荷、葱白各 3 克，用沸水冲泡，取汁加蜂蜜调匀，代茶频饮。 ②生姜、大枣各 9 克，红糖 70 克。加水煎汤取汁，代茶饮用，每日 1 剂。	山楂、杨梅、话梅、橘子、青苹果、羊肉、肥肉、动物油、鱼子、白萝卜、辣椒、大蒜、洋葱、白酒等。

（续表）

病症	推荐食谱	不宜食物
13. 胃炎	①玉米粒、白扁豆各60克，木瓜15克，共用水煎，饮汁。 ②山药、牛奶、粳米各适量，煮粥服用。 ③牛奶250毫升，煮开后打入鹌鹑蛋1个，煮成荷包蛋。	螃蟹、蛤蜊、鸡蛋、鸭蛋、肥肉、柿子、菠萝、苦瓜、洋葱、竹笋、辣椒、板栗、桂圆、猕猴桃、咖啡、薯类等。
14. 腹泻	①番石榴2个捣烂，以水煎服，每日饮3次。 ②小麦面30克炒黑，小米糠30克炒黄，用红糖水冲服，每日3次。	火腿、香肠、鸡蛋、韭菜、芹菜、生菜、丝瓜、四季豆、茄子、辣椒、玉米、芋头、菠萝、梨等。
15. 便秘	①菠菜用沸水焯一下，捞出后以麻油拌食，可治疗便秘。 ②土豆1个洗净，挤汁，加入适量白糖，每日早饭前和午饭前服用，连服2周。	糯米、面包、面条、高粱、牛奶、牛肉、羊肉、胡椒、酒、咖啡、浓茶、辣椒、荔枝、柿子、莲子、板栗、咖喱、糖等。
16. 痔疮	①猪瘦肉100克，加水煮30分钟，加入葱、姜各100克，槐花50克，再炖30分钟食用。 ②黑木耳50克，温水泡开洗净，饭前1小时吃下，每日3次，连吃10日可愈。	辣椒、胡椒、花椒、大蒜、芥末、咖喱、肥肉、羊肉、熏肉、芒果、榴莲、白酒等。
17. 肥胖症	①海带粉2克，话梅1粒，开水浸泡饮用，每日2次。 ②燕麦片50克放入锅内，加清水待水开时搅拌，煮至熟软，每日早晨代餐食用。	油炸食品、糖、糕点、巧克力、奶油饼干、花生、杏仁、腰果、瓜子、各种含酒精饮料等。
18. 消化不良	①猕猴桃果肉60克，加水1000毫升煎煮至1小碗，每日1剂。 ②小米研成细粉，加水和成10~15克的小丸，以水煮熟，加盐，空腹连汤服用。	糯米、海鲜、肥肉、红薯、蚕豆、青豆、芹菜、韭菜、芋头及饮料等。

（续表）

病症	推荐食谱	不宜食物
19. 口腔溃疡	①干紫菜 30 克，加适量水做成 2 碗汤，趁热喝下，每日 2 次。 ②西瓜皮晒干，炒焦，加适量冰片，研末，用蜂蜜调匀，涂于患处，并饮西瓜汁。	猪排、牛排、花生、杏仁、瓜子、炒黄豆、冰激凌、冰镇饮料、辣椒、白酒、醋、韭菜、生姜、葱、大蒜等。
20. 慢性肝炎	①胡萝卜 60 克，香菜 30 克，加水煎汤，每日 2 次。 ②香菇、猪瘦肉各 100 克，均洗净，香菇撕片，瘦肉切片，共煮，加盐调味。	动物内脏、肥肉、虾、咸鱼、咸菜、咖喱、胡椒、芥末、葱、辣椒、蜜饯、糖果、酒、罐头等。
21. 骨折	①黄瓜籽磨粉，每日 10 克左右，间断服用。 ②韭菜 60 克，葱白 30 克，蚯蚓 20 克，一同捣烂，用白酒调敷骨折处。	咖啡、浓茶、白酒、大量白糖、辛辣食品等。
22. 骨质增生	①鸡爪 250 克，桑枝 15 克，同煲汤 1 小时左右，吃鸡爪喝汤。 ②红花 50 克，浸泡在 500 毫升米醋中，1 周后用来擦涂患部。	动物内脏、动物油、肥肉、奶油、油炸食品，菠菜、芦笋、腰果、杏仁、橘子、橙子、柚子、金桔、酒、咖啡、浓茶等。
23. 骨质疏松	①腰果 5 个，沸水泡 15 分钟，与半个木瓜、1 根香蕉和豆浆 200 毫升一起打成汁，趁鲜饮用。 ②木耳菜洗净，用沸水焯一下，加入适量芝麻酱、盐等调味。	茶、咖啡、辣椒、烟、肥肉、油炸食品等。
24. 失眠	①核桃仁 10 个，花生 30 个，百合 15 克，煮熟后加适量蜂蜜食之。 ②猪心、茯神、桂圆、陈皮各适量，一起煮汤后食用。	酒、咖啡、浓茶、辣椒、年糕、巧克力、大蒜、洋葱、玉米、豆类、油炸食品等。

（续表）

病症	推荐食谱	不宜食物
25. 脱发	菠菜 50 克, 黑芝麻 20 克, 一起炒熟食用, 每日 1 次。	动物内脏、动物油、肥肉、羊肉、牛肉、蛋黄、鱼子、蟹黄, 油炸食品, 巧克力、冰激凌、糖果、白酒、辛辣调味品等。
26. 痤疮	①黑豆 100 克, 鸡爪 250 克, 加水大火烧沸, 小火煮至肉熟豆烂, 加盐调味。 ②苦瓜 500 克与青椒 100 克切片同炒, 加盐、料酒调味。	肥肉、羊肉、蛋黄、蟹黄、海鱼、虾、蟹、海参、海带、紫菜、辣椒、韭菜、生姜、大蒜、洋葱、花椒、胡椒、芥末、茴香等。
27. 荨麻疹	①油菜 500 克, 洗净, 每次抓 3 棵在患处搓揉。早晚各 1 次。 ②冬瓜皮适量, 水煎滤渣, 取汁, 代茶频饮。 ③鲜马齿苋 30 克, 每日煎汤取汁内服, 渣外敷。	羊肉、牛肉、蘑菇、黄瓜、玉米、醋、酒、花生酱、牛奶、大麦、荞麦、板栗、蚕豆、土豆、辛辣食物以及海鲜等。
28. 白癜风	杏仁连皮, 每天早晨嚼几粒擦患处, 擦至发红, 临睡时再如法擦 1 次。	柠檬、橙子、柚子、橘子、山楂、猕猴桃、草莓、杨梅、葱、生姜、大蒜、辣椒、芥末、咖喱、白酒等。
29. 银屑病	马齿苋、薏米各 30 克, 金银花 15 克, 用 3 碗水煎金银花至 2 碗时去渣, 与马齿苋、薏米混合煮粥, 每日 1 次。	羊肉、牛肉、醋、白酒、浓茶、咖啡、辣椒、生姜、葱、大蒜、洋葱、辛辣调味品以及海鲜等。
30. 甲状腺功能亢进	甲鱼壳 5 克, 莲子肉 20 克, 煎汤 1 碗, 1 次服下, 每日 3 次, 连用 10 日。	海带、紫菜、香菜、土豆、包心菜、花生、辣椒、生姜、大蒜、花椒、芥末、酒类以及海鲜等。

（续表）

病症	推荐食谱	不宜食物
31. 急性阑尾炎	①芹菜、野菊花各 30 克，冬瓜、莲藕各 20 克，水煎，每日分 2 次服。 ②桃仁 10 克（去皮尖），薏米 30 克，粳米 50 克，加水同煮粥，至极烂服用。	豆类、薯类、动物内脏、骨头汤、甲鱼、火腿、羊肉、带鱼、虾、螃蟹、南瓜、辣椒、白萝卜、韭菜等。
32. 急性胰腺炎	白萝卜、荸荠各适量，混合榨汁后，空腹饮 1~2 匙。	猪肉、猪油、白酒、咖啡、辣椒、洋葱、姜、大蒜、胡椒、花椒、醋、酸菜以及油炸食品等。
33. 胆石症	①玉米须 60 克，煎汤饮之，每日 1 剂，15 日为 1 个疗程。 ②鲜金钱草 250 克，加水 800 毫升，煎至 200 毫升，每日 1 剂。	动物内脏、蛋黄、鱼子、鱿鱼、芹菜、玉米、猪排、牛排、炸鸡、薯条、薯片、油条、冰激凌及冰镇饮料等。
34. 脑梗死	①豆角 400 克，香菇 75 克，用大火煨熟，佐餐食用。 ②新鲜葛根 30 克，与粳米 100 克一起煮粥食用。	动物内脏、动物油，肥肉、蛋黄、蟹黄、辣椒、酒以及冷饮、油炸食品等。
35. 脑出血	①黑木耳 6 克，水发后切碎，与蛋清拌匀，放盐调味后蒸熟。 ②芹菜 100 克，大枣 10 个，一起用水煎煮至熟。	动物内脏、动物油，肥肉、鱼子、浓茶、咖啡、辣椒、蛋黄以及油炸食品等。
36. 近视眼	①杭白菊开水冲泡，蒸气熏眼睛，每日饮用 2~3 杯。 ②桂圆肉、桂圆核（不必敲碎）、枸杞子各适量，加水煮成茶，每日饭后饮用。	巧克力、冰激凌、糖、饼干、大蒜、葱、生姜、辣椒、芥末、花椒、胡椒、咖喱、小茴香、桂皮、白酒、浓茶、咖啡等。

（续表）

病症	推荐食谱	不宜食物
37. 远视眼	①芹菜、鲜藕各 150 克，黄瓜 100 克，柠檬汁 5 毫升，一起榨汁，早晚各饮 1 次。 ②豆粉 50 克，加适量清水煮沸后，放入炒熟的黑芝麻及花生仁，搅拌均匀服用。	白酒、辣椒、芥末、洋葱、韭菜、蒜苗、生姜、大蒜、胡椒、花椒、桂皮、小茴香、带鱼、黄鱼、鲳鱼、蚌肉、虾、螃蟹、羊肉、南瓜等。
38. 白内障	①豌豆 20 克，乌梅 3 个，菠菜根 15 克，加水煎煮，去渣取汁，代茶饮。 ②枸杞子 20 克，桂圆肉 20 个，水煎煮服食，连续服用有效。	动物内脏、蛋黄、鱿鱼、鱼子、虾皮、火腿、香肠、咸肉、咸菜、咸蛋、豆酱、奶油、白酒、辣椒、洋葱、韭菜、生姜、大蒜等。
39. 夜盲症	①菠菜切段，猪肝切片，烧熟食用。 ②羊肝 50 克切片，与枸杞子 10 克一起入锅，加水煮 20 分钟，吃肝喝汤。	动物油、肥肉、奶油、咖啡、浓茶、可乐、白酒、黄酒、洋葱及辛辣调味品等。
40. 沙眼	①桑叶 9 克，水煎，熏洗患眼，每日数次。 ②菊花 9 克，龙胆草 45 克，水煎服，每日 1 剂，分 2 次服。	羊肉、牛肉、鹿角胶、桂圆、红参、核桃、榴莲、白酒、洋葱、生姜、花椒、韭菜、大蒜、辣椒以及海鲜等。
41. 阳痿	①羊肾 120 克，韭菜 150 克，加水煎汤，去渣后饮用。 ②虾 100 克，韭菜 200 克，加适量油、盐炒熟食，每日 2 次，连续服用。	白萝卜、芥菜、辣椒、葱、大蒜、姜、胡椒、茴香、山楂、荸荠、炒花生、白酒以及海鲜等。

（续表）

病症	推荐食谱	不宜食物
42. 早泄	①韭菜 50 克，生姜适量捣烂，与牛奶 200 毫升搅匀后，上火烧沸即可。 ②猪腰 1 副切片，与核桃仁 50 克炖汤后，加盐调味。	芝麻、茭白、鹅肉、猪头肉、公鸡、虾、酒类及辛辣调味品等。
43. 遗精	①菟丝子 15 克，猪瘦肉 120 克，一起炖汤煮烂，食肉喝汤。 ②韭菜籽 100 克，焙干研末，以白酒 75 毫升冲服，每日 3 次分服。	芝麻、大枣、桂圆、虾、猪头肉、羊肉，辛辣调味品，各种冷饮，豆类及豆制品，酒类等。
44. 前列腺炎	①猕猴桃 50 克，捣烂加温开水 1 茶杯，调匀后饮服，经常饮用。 ②蔬菜与咖喱搭配食用。	大蒜、胡椒、芥末、辣椒、葱、生姜、酒、咖啡等。
45. 更年期综合征	①莲子 50 克，桂圆肉 30 克，每日煎 1 剂，食用时加白糖少许。 ②鲜枸杞子 250 克，洗净后用纱布包裹，榨取汁液，每次 20 毫升，每日 2 次。	动物油、咖喱、胡椒、芥末、辣椒、咖啡、蜜饯、浓茶、碳酸饮料、白糖、咸菜、咸鱼、酒、盐等。
46. 月经不调	①大枣 20 个，益母草、红糖各 10 克，水煎服，每日 2 次。 ②豆腐 500 克，羊肉 60 克，生姜 15 克，煮熟食用，每日 2 次。	肥肉、咸鱼、辣椒、葱、大蒜、西瓜、哈密瓜、香瓜、烈性酒、浓茶及咖啡等。

（续表）

病症	推荐食谱	不宜食物
47. 痛经	①韭菜 250 克，捣烂取汁，将适量红糖加水烧沸，兑入韭菜汁中，饮服。 ②蛤蜊肉 200 克，加适量水，以小火煮熟，稍加盐调味，饮汤吃肉。	动物油、肥肉、鱼子、奶酪、绿豆、冬瓜、黄瓜、竹笋、莲藕、海带、茭白、丝瓜、杨梅、话梅、醋、橘子、杏、青苹果及各种冷饮，以及油炸食品等。
48. 带下病	①白果、莲子、糯米各 25 克，研末，乌鸡 1 只，去内脏加药末煮烂，空腹食用。 ②向日葵茎 30 克，加水煎汤后滤渣服用，每日 1 剂。	笋干、田螺、咸菜、咸鱼、啤酒、汽水及各种冷饮等。
49. 盆腔炎	①皂角刺 30 克，大枣 10 个，同煎 40 分钟，弃渣取液 400 毫升，加粳米 30 克煮成粥状，分 2 次服。 ②鲜蒲公英 250 克，捣烂如泥，外敷下腹部，每日 1~2 次。	动物内脏、蛋黄、羊肉、牛肉、黄瓜、芹菜、桂圆、红参、白酒、咖啡、浓茶、洋葱、生姜、大蒜以及油炸食品等。
50. 乳腺增生	①山楂、五味子各 15 克，麦芽 50 克，水煎服，每日 1 剂，日服 2 次。 ②黑芝麻 15 克，核桃仁 5 个，蜂蜜适量，沸水冲泡后食用。	动物油、肥肉、巧克力、浓茶、咖啡、辣椒、香肠、冷饮，以及油炸食品等。
51. 妊娠呕吐	①生姜、陈皮各 15 克，加水适量，煎 2 次，每日 1 剂，分 2 次服。 ②大雪梨 1 个去核，塞入丁香 15 粒，蒸熟去丁香，吃梨，每日 1 次，可连服数日。	羊肉、肥肉、辣椒、胡椒、葱、生鸡蛋、咖喱、芥末、榴莲、臭豆腐及烈性酒等。

病症	推荐食谱	不宜食物
52. 妊娠水肿	①红小豆 50 克，鲤鱼 1 条，生姜适量，煲汤 30 分钟后，加盐调味。 ②粳米 30 克，大枣 7 个，共煮粥，粥成时加入茯苓粉 30 克，稍煮。	糯米、咸鱼、咸菜、红薯、土豆、洋葱等。
53. 妊娠高血压	①玉米须 25 克晾干，加水 500 毫升，小火煮 10 分钟，加冰糖，凉凉饮用。 ②粳米 80 克，芹菜 100 克，猪瘦肉 50 克，何首乌 20 克。共煮粥，加盐调味。	动物内脏、动物油、肥肉、咸菜、咸蛋、咸酱、糖、巧克力、蜜饯、果脯、辣椒、芥末，油炸食品及过于精细的主食等。
54. 产后少乳	①鲤鱼 500 克，猪蹄 1 只，煮汤服食。 ②豌豆 100 克，红糖适量，加水煮烂，空腹服用，每日 2 次。 ③鲫鱼肉 200 克，花生 100 克，煮汤饮用。	动物油、肥肉、蛋黄、奶酪、冬瓜、黄瓜、绿豆、西红柿、芹菜、苦瓜、西瓜，油炸食品以及各种冷饮等。
55. 产后出血	①芹菜根 60 克煮水去渣，用汤煮鸡蛋 2 个食用，每日 1 次。 ②大枣 6 个，生姜 10 克，阿胶 30 克，红糖 15 克，水煎服，每日 2 次。	白酒、辣椒、芥末、茴香、洋葱、大蒜、葱、韭菜、苦瓜、丝瓜、冬瓜、白萝卜及各种冷饮等。
56. 小儿遗尿	①韭菜籽 25 克，黑米 100 克，用水煎服，连服数日。 ②羊肉 250 克，黄芪 30 克，芡实 30 克，煮汤食用，每日 1 次，连服 5 天。	豆浆、梨、薏米、玉米、红小豆、西瓜、鲤鱼、咸菜、豆酱、咸肉、巧克力、糖等。

（续表）

病症	推荐食谱	不宜食物
57. 小儿湿疹	新鲜黄瓜200克，洗净，切块，放入榨汁机中，加入适量温开水，一起打匀，滤出黄瓜汁，每日2次。	牛肉、羊肉、芋头、芡实、葱、生姜、大蒜、白酒、浓茶、辣椒、芥末、姜、花椒以及海鲜等。
58. 小儿肺炎	①柚子肉5瓣，碎白菜60克，加适量水煎汤饮用。 ②川贝10克，雪梨2个，猪肺250克，加水适量，煎汤饮用。	鱼类，鸡蛋、皮蛋黄、蟹黄、糖、胡椒、鱼肝油及冷饮等。
59. 小儿腹泻	①荠菜30克切段，加水200毫升，用小火煎至50毫升，分次服用。 ②丝瓜叶30克，加水煎15分钟，取汁与粳米30克煮粥，调以白糖后食用。	碳酸饮料，油炸食品，动物油、蛋黄、蟹黄、咖啡、茶等。
60. 百日咳	①鲜丝瓜汁30毫升，加白糖10克调服，每日1~2次。 ②梨去核，装麻黄1克或川贝3克，橘仁6克，盖好蒸熟吃。	动物肝脏、动物油、羊肉、牛肉、虾、蛋黄、蟹黄、咸菜、咸蛋、火腿、豆酱、花生、瓜子、杏仁、巧克力及冷饮等。